westermann

FiNALE Prüfungstraining

Zentrale Klausur 2019

Mathematik

Nordrhein-Westfalen

Heinz Klaus Strick

FiNALE

westermann GRUPPE

Westermann Schroedel Diesterweg Schöningh Winklers GmbH, Braunschweig
www.westermann.de

Druck A[1] / Jahr 2018
Alle Drucke der Serie A sind im Unterricht parallel verwendbar.

Redaktion: Dr. Ulrich Kilian
Kontakt: finale@westermann.de
Layout: Sandra Grünberg
Umschlaggestaltung: Gingco.Net, Braunschweig
Umschlagfoto: Peter Wirtz, Dormagen
Zeichnungen: Michael Wojczak
Druck und Bindung: westermann druck GmbH, Braunschweig

ISBN 978-3-7426-**1911**-2

Inhaltsverzeichnis

Arbeiten mit **FiNALE** 4

Kompetenzübersicht 5

Basiswissen 8

A Grundlagen aus Sekundarstufe I 8
B Einführung weiterer Funktionstypen 18
C Eigenschaften von Graphen – Definition von Begriffen 21
D Erweiterung der algebraischen Kenntnisse 26
E Eigenschaften von Graphen 33
F Grundlagen der Differenzialrechnung 39
G Kriterien zur Untersuchung der Eigenschaften von Graphen 43
H Anwendung der Differenzialrechnung 47
I Stochastik 49

Trainings- und Beispielaufgaben 55

Hilfsmittelfreie Aufgaben 55
Aufgabe 1 Originalaufgabe der Zentralen Klausur 2018 61
Aufgabe 2 Originalaufgabe der Zentralen Klausur 2018 64
Aufgabe 3 Originalaufgabe der Zentralen Klausur 2017 68
Aufgabe 4 Originalaufgabe der Zentralen Klausur 2017 71
Aufgabe 5 Originalaufgabe der Zentralen Klausur 2016 74
Aufgabe 6 Originalaufgabe der Zentralen Klausur 2016 77

Stichwortverzeichnis 80

Arbeiten mit FiNALE

In den Vorgaben für die Zentrale Klausur am Ende der Einführungsphase hat das Schulministerium NRW die folgenden Punkte aufgeführt:

- Curriculare Grundlage der Klausur ist der Kernlehrplan (KLP) für die Sekundarstufe II Gymnasium/Gesamtschule in Nordrhein-Westfalen (2013).
- Die Klausur am **13. Juni 2019** umfasst zwei Teile:
  1. Teil: zwei hilfsmittelfreie Aufgaben (20 Minuten) – je 6 BE,
  2. Teil: zwei Aufgaben mit Hilfsmitteln (80 Minuten) – je 24 BE.
  Die Bewertungseinheiten (BE) der einzelnen Aufgaben entsprechen den Zeitanteilen.
- Themen des hilfsmittelfreien 1. Teils:
  Inhaltsfeld *Funktionen und Analysis*: grundlegende Eigenschaften von Potenz-, Exponential- und Sinusfunktionen, Grundverständnis des Ableitungsbegriffs, Differenzialrechnung ganzrationaler Funktionen (höchstens Grad drei);
  Inhaltsfeld *Stochastik*: mehrstufige Zufallsexperimente, bedingte Wahrscheinlichkeiten.
- Themen des 2. Teils (eine innermathematische und eine kontextbezogene Aufgabe):
  Inhaltsfeld *Funktionen und Analysis*: Grundverständnis des Ableitungsbegriffs, Differenzialrechnung ganzrationaler Funktionen.

Ausgehend von diesen Vorgaben sowie den veröffentlichten Beispielaufgaben wurde das vorliegende Arbeitsheft entwickelt. Es ermöglicht eine *individuelle* Vorbereitung. Das übersichtlich zusammengestellte Verzeichnis der für die Zentrale Klausur notwendigen Kompetenzen und die Trainingsaufgaben mit den entsprechenden Querverweisen zur Kompetenzübersicht erleichtern dabei die Orientierung in FiNALE. Der systematische Aufbau und die komprimierte Form fördern eine zeitökonomische und effektive Vorbereitung der Klausur.

Wir empfehlen Ihnen folgende Arbeitsweise mit FiNALE:
Um einen Überblick zu erhalten, sollten Sie zunächst die **Kompetenzübersicht** (S. 5–7) sowie das **Basiswissen** (S. 8–54) lesen und sich insbesondere anhand der Beispiele verdeutlichen, welche Anforderungen zu erfüllen sind. Dabei können Sie auch feststellen, welche Verfahren Sie bereits gut beherrschen (+) und was Ihnen noch Schwierigkeiten bereitet (–). Wir empfehlen Ihnen dieses Vorgehen, denn wenn Sie sich über Ihre Schwächen im Klaren sind, wird die Vorbereitung effizient und zielorientiert sein. Anschließend können Sie die entsprechenden Abschnitte im Basiswissen nochmals intensiv durcharbeiten.

Nachdem Sie die Grundlagen wiederholt haben, bieten Ihnen die **Trainings- und Beispielaufgaben** mit ausführlichen Lösungen (auch mit Lösungsalternativen) ein angemessenes Übungsfeld. Zur Vorbereitung auf den 1. Teil der Klausur wurden sechs **hilfsmittelfreie Trainingsaufgaben** (u. a. aus der Zentralen Klausur 2018) mit ausführlichen Lösungen zusammengestellt, die den zu erwartenden Anforderungen entsprechen (S. 55–60). Zum Training des 2. Prüfungsteils sind die **Aufgaben mit Hilfsmitteln** der Zentralen Klausur 2018 sowie der Jahre 2016 und 2017 mit ausführlichen Lösungen abgedruckt.

Versuchen Sie zunächst, die Aufgaben selbstständig zu bearbeiten. Wenn Ihnen die Bearbeitung ohne Blick in den Lösungsteil gelungen ist, sollten Sie dennoch Ihre eigenen Lösungen kontrollieren und mit den abgedruckten Lösungen und Lösungsvarianten vergleichen.

Treten auch nach der Durchsicht der angebotenen Lösungen Verständnisprobleme auf, dann hilft Ihnen das intensive Durcharbeiten der zugehörigen Stichwörter des Basiswissens sicherlich weiter. – Überhaupt lässt sich das *Basiswissen* wie ein Nachschlagewerk benutzen.

Wir wünschen Ihnen viel Erfolg!

Kompetenzübersicht

Ich kann …

A	Grundlagen aus Sekundarstufe I	– / +
A1	… die Steigung einer Geraden durch zwei Punkte bestimmen.	
A2	… zu einer gegebenen Geradengleichung wichtige Eigenschaften der Geraden angeben.	
A3	… die Gleichung einer Geraden bestimmen.	
A4	… den Steigungswinkel einer Geraden bestimmen.	
A5	… nachweisen, dass zwei Geraden sich orthogonal schneiden.	
A6	… die Lösung einer linearen Gleichung bestimmen.	
A7	… die Nullstelle einer linearen Funktion bestimmen.	
A8	… die gegenseitige Lage zweier Geraden untersuchen und ggf. den Schnittpunkt der beiden Geraden bestimmen.	
A9	… die Lösung eines linearen Gleichungssystems mit zwei Gleichungen und zwei Variablen bestimmen.	
A10	… die Lösungen einer quadratischen Gleichung bestimmen.	
A11	… die Nullstellen einer quadratischen Funktion bestimmen.	
A12	… den Scheitelpunkt einer quadratischen Funktion bestimmen.	
B	**Einführung weiterer Funktionstypen**	**– / +**
B1	… die Definition einer Potenzfunktion angeben.	
B2	… die Definition einer ganzrationalen Funktion angeben.	
B3	… die Definition von Exponentialfunktionen angeben.	
B4	… die Definition von Sinusfunktionen angeben.	
C	**Eigenschaften von Graphen – Definition von Begriffen**	**– / +**
C1	… Funktionswerte von Funktionen berechnen.	
C2	… überprüfen, ob ein gegebener Punkt auf dem Graphen einer Funktion liegt (Punktprobe).	
C3	… die Definition der Achsensymmetrie eines Graphen zur y-Achse angeben.	
C4	… die Definition der Punktsymmetrie eines Graphen zum Ursprung angeben.	
C5	… definieren, wann ein Graph auf einem Intervall streng monoton steigend [fallend] ist.	
C6	… definieren, was ein Hochpunkt [Tiefpunkt] eines Graphen ist.	
C7	… zwischen einem lokalen und absoluten Maximum [Minimum] eines Graphen unterscheiden.	

D	Erweiterungen der algebraischen Kenntnisse	– / +
D1	... die Lösung von Gleichungen 3. Grades bestimmen, die in Produktform gegeben sind oder die sich leicht in Produktform schreiben lassen.	
D2	... die Lösung von biquadratischen Gleichungen bestimmen.	
D3	... Nullstellen von einfachen ganzrationalen Funktionen bestimmen.	
D4	... Funktionsterme von einfachen ganzrationalen Funktionen 3. Grades bestimmen.	
D5	... Schnittpunkte der Graphen von einfachen ganzrationalen Funktionen bestimmen.	
D6	... bei exponentiellen Wachstumsprozessen die Verdopplungszeit bzw. Halbwertszeit berechnen und umgekehrt aus Verdopplungszeit bzw. Halbwertszeit den Funktionsterm bestimmen.	
E	**Eigenschaften von Graphen**	**– / +**
E1	... beschreiben, welche Auswirkung die Vervielfachung eines Funktionsterms mit einem Faktor k auf den Graphen der Funktion hat.	
E2	... den Funktionsterm zu einem Graphen angeben, der aus dem Graphen einer angegebenen Funktion durch Verschieben in Richtung der y-Achse entsteht.	
E3	... den Funktionsterm zu einem Graphen angeben, der aus dem Graphen einer angegebenen Funktion durch Verschieben in Richtung der x-Achse entsteht.	
E4	... überprüfen, ob der Graph einer ganzrationalen Funktion achsensymmetrisch zur y-Achse ist.	
E5	... überprüfen, ob der Graph einer ganzrationalen Funktion punktsymmetrisch zum Ursprung ist.	
E6	... Eigenschaften einer allgemeinen Sinusfunktion beschreiben.	
F	**Grundlagen der Differenzialrechnung**	**– / +**
F1	... zwischen dem Differenzenquotient und dem Differenzialquotient unterscheiden und die unterschiedliche Bedeutung im Sachzusammenhang beschreiben.	
F2	... die mittlere und die momentane Änderungsrate in Anwendungssituationen angeben und berechnen.	
F3	... die Ableitungsfunktion zu Potenzfunktionen bestimmen (Potenzregel).	
F4	... die Ableitungsfunktion zur Sinusfunktion bestimmen.	
F5	... die Ableitung der Summe [Differenz] von zwei Funktionen bestimmen (Summen-/Differenzregel).	
F6	... die Ableitung des Vielfachen einer Funktion bestimmen (Faktorregel).	
F7	... die Ableitungsfunktionen zu ganzrationalen Funktionen bestimmen.	
F8	... die Gleichung einer Tangente in einem Punkt eines Graphen bestimmen.	
F9	... die Gleichung einer Normale in einem Punkt eines Graphen bestimmen.	

G	Kriterien zur Untersuchung der Eigenschaften von Graphen	–/+
G1	... das Monotonieverhalten einer Funktion auf einem Intervall bestimmen.	
G2	... überprüfen, ob das notwendige Kriterium für das Vorliegen einer Extremstelle erfüllt ist.	
G3	... mithilfe der Monotonie überprüfen, ob eine Extremstelle vorliegt (hinreichendes Kriterium).	
G4	... überprüfen, ob ein lokales Maximum [Minimum] auch absolutes Maximum [Minimum] einer Funktion ist.	
H	**Anwendung der Differenzialrechnung**	**–/+**
H1	... zu einer gegebenen ganzrationalen Funktion eine Funktion bestimmen, deren Ableitung die gegebene Funktion ist.	
H2	... den Graphen der Ableitungsfunktion zu dem gegebenen Graphen einer Funktion skizzieren.	
H3	... den Graphen einer Funktion zu dem gegebenen Graphen der Ableitungsfunktion skizzieren.	
I	**Stochastik**	**–/+**
I1	... mehrstufige Zufallsversuche mit Baumdiagrammen beschreiben und Wahrscheinlichkeiten mit den Pfadregeln berechnen (Pfadadditions-/ Pfadmultiplikationsregel) sowie die Komplementärregel anwenden.	
I2	... Wahrscheinlichkeitsverteilungen aufstellen und Erwartungswertsbetrachtungen durchführen.	
I3	... Daten aus Vierfeldertafeln als Wahrscheinlichkeiten von zweistufigen Zufallsversuchen interpretieren sowie Vierfeldertafeln zur Umkehrung von Baumdiagrammen nutzen.	
I4	... bedingte Wahrscheinlichkeiten kennzeichnen sowie Abhängigkeit und Unabhängigkeit von Merkmalen beschreiben.	

Basiswissen

A1 Die Steigung einer Geraden durch zwei Punkte bestimmen.

Gegeben sind zwei Punkte $P_1(x_1|y_1)$ und $P_2(x_2|y_2)$. Dann berechnet man die Steigung m der Geraden durch die beiden Punkte mithilfe des **Differenzenquotienten** der Koordinaten der beiden Punkte, d. h. mithilfe von $m = \frac{y_2 - y_1}{x_2 - x_1} = \frac{\Delta y}{\Delta x}$, wobei mit dem Symbol Δy bzw. Δx die Differenz bezeichnet wird.

Bei der Berechnung der Steigung spielt es keine Rolle, ob P_1 links oder rechts von P_2 liegt. Aus der Definition wird deutlich, dass für eine Gerade durch zwei Punkte, welche die gleiche x-Koordinate haben, die Steigung nicht definiert ist.

Im **Steigungsdreieck** ist m durch das Verhältnis der Länge der senkrechten Kathete zur Länge der waagerechten Kathete beschrieben. Die Steigung von Straßen wird meistens in Prozent angegeben.

Beispiele

(1) $P_1(1|2)$; $P_2(4|4)$:

$$m = \frac{4-2}{4-1} = \frac{2}{3}$$

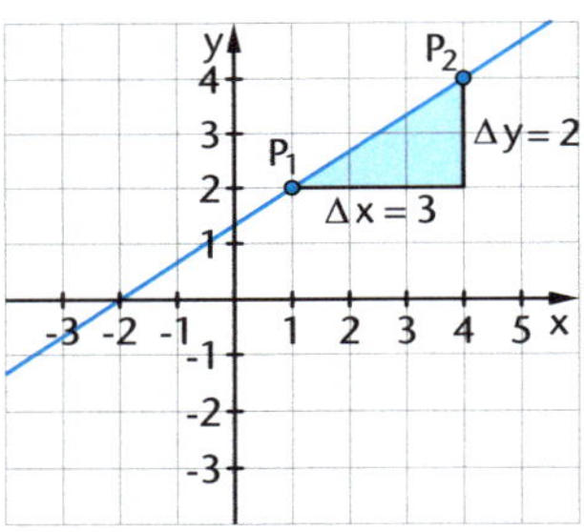

(2) $P_1(-1|3)$; $P_2(5|-2)$:

$$m = \frac{-2-3}{5-(-1)} = \frac{-5}{6} = -\frac{5}{6}$$

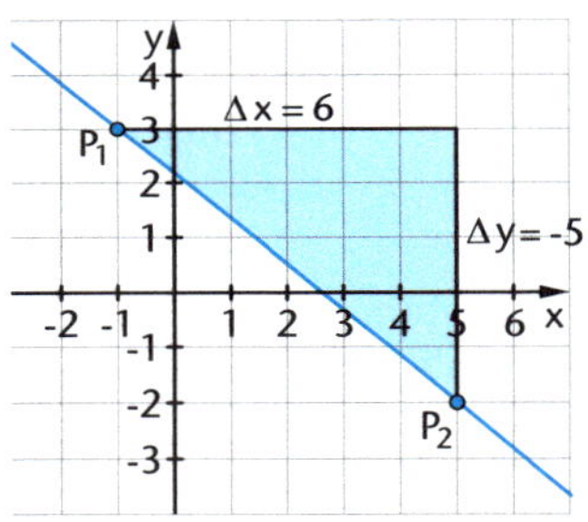

(3) $P_1(4|-2)$; $P_2(-1|3)$:

$$m = \frac{3-(-2)}{-1-4} = \frac{5}{-5} = -1$$

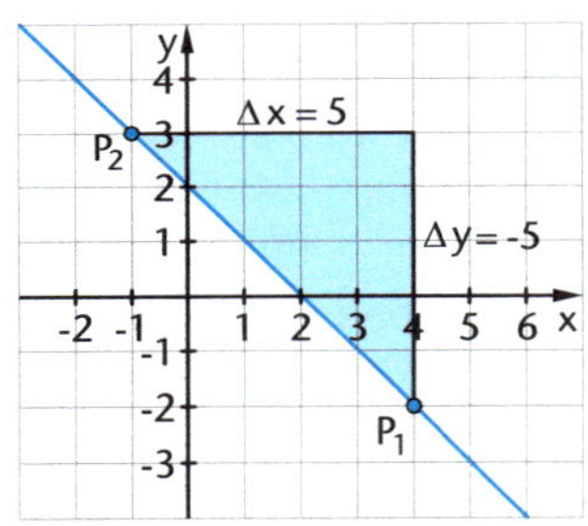

(4) $P_1(3|-2)$; $P_2(3|4)$: Die Gerade durch die beiden Punkte kann durch die Gleichung $x = 3$ beschrieben werden. Eine Steigung ist nicht definiert.

(5) Bei einer Straße mit Steigung 8 % nimmt die Höhe pro 100 m in waagerechter Richtung um 8 m zu.

A2 Zu einer gegebenen Geradengleichung wichtige Eigenschaften der Geraden angeben.

(1) Die **Normalform** einer Geradengleichung ist $y = mx + b$ mit $m, b \in \mathbb{R}$. Dabei gibt m die Steigung der Geraden an und b den Ordinatenabschnitt, das ist die y-Koordinate des Schnittpunktes der Geraden mit der y-Achse – die Gerade verläuft also durch den Punkt $(0|b)$. Aus den beiden Angaben kann man beispielsweise schließen, dass die Gerade auch durch den Punkt $(1|m + b)$ verläuft.

Der Sonderfall $b = 0$ beschreibt eine **Ursprungsgerade**, d. h. Geraden, die durch den Ursprung $O(0|0)$ verlaufen, haben die Gleichung $y = mx$.

Der Sonderfall $m = 0$ beschreibt eine **Parallele zur x-Achse**, d. h. Geraden, die parallel zur x-Achse verlaufen, haben die Gleichung $y = 0 \cdot x + b = b$.

Die Normalform einer Geradengleichung entspricht der üblichen Darstellung einer linearen Funktion: $f(x) = mx + b$.

(2) Aus der **Achsenabschnittsform einer Geraden** $\frac{x}{a} + \frac{y}{b} = 1$ mit $a, b \in \mathbb{R}\setminus\{0\}$ kann man unmittelbar ablesen, dass die Gerade durch die Punkte $(a|0)$ und $(0|b)$ verläuft, den beiden Schnittpunkten der Gerade mit den Koordinatenachsen.
Wenn man die Steigung der Geraden ablesen möchte, kann man die Gleichung nach y auflösen oder, was das Gleiche ist, die Steigung am Steigungsdreieck durch $(a|0)$ und $(0|b)$ ablesen. Es ergibt sich: $y = -\frac{b}{a} \cdot x + b$.

(3) Aus der **Verschiebungsform einer Geradengleichung** (auch oft als **Punkt-Steigungs-Form** bezeichnet) $y = m(x - r) + s$ mit $m, r, s \in \mathbb{R}$ kann man unmittelbar ablesen, dass die Gerade die Steigung m hat und durch den Punkt $P(r|s)$ verläuft (zur Verschiebung von Graphen im Koordinatensystem: siehe E2 und E3).

(4) Die Geradengleichung $x = k$ beschreibt eine **Parallele zur y-Achse** durch den Punkt $(k|0)$.

(5) Die **allgemeine Form der Gleichung einer Geraden** $ax + by = c$ mit $a, b, c \in \mathbb{R}$ umfasst auch den Fall einer Geraden, die parallel zur y-Achse verläuft:
Wenn $b = 0$ und $a \neq 0$, dann bleibt noch $ax = c$ stehen oder $x = \frac{c}{a} = k$.

Wenn $b \neq 0$, dann kann man die Gleichung nach y auflösen und erhält: $y = -\frac{a}{b} \cdot x + \frac{c}{b}$, d. h. die Gerade hat die Steigung $m = -\frac{a}{b}$ und den Ordinatenabschnitt $\frac{c}{b}$.

Beispiele

(1) Die Gerade mit der Gleichung $y = \frac{1}{3}x + \frac{3}{2}$ hat die Steigung $m = \frac{1}{3}$ und schneidet in $\left(0|\frac{3}{2}\right)$ die y-Achse.

Die Gerade mit $y = \frac{1}{2}x$ verläuft durch den Ursprung $O(0|0)$ und hat die Steigung $m = \frac{1}{2}$.

Die Gerade mit $y = 3$ verläuft parallel zur x-Achse durch den Punkt $(0|3)$.

(2) Die Gerade mit der Gleichung $\frac{x}{5} + \frac{y}{3} = 1$ verläuft durch die Punkte $(5|0)$ und $(0|3)$; sie hat die Steigung $m = \frac{\Delta y}{\Delta x} = \frac{3-0}{0-5} = -\frac{3}{5}$, kann also auch in der Form $y = -\frac{3}{5}x + 3$ geschrieben werden.

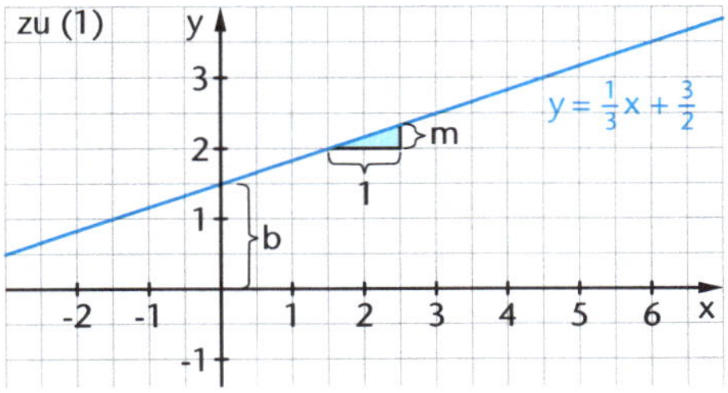

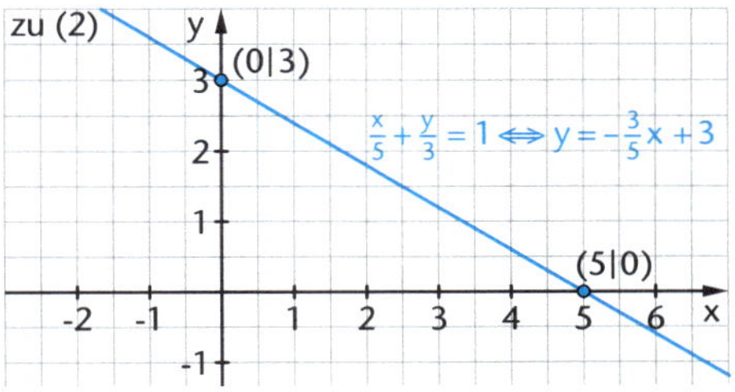

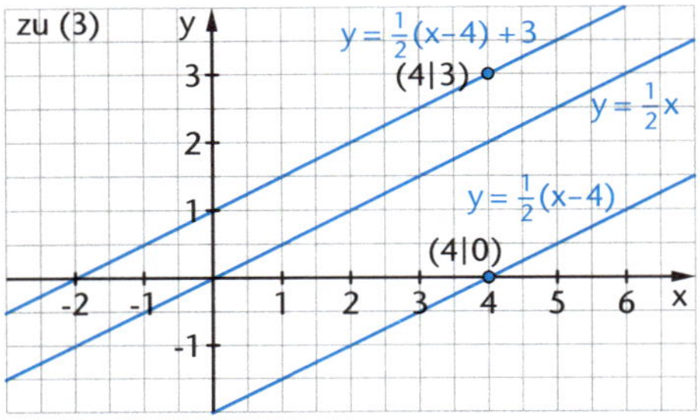

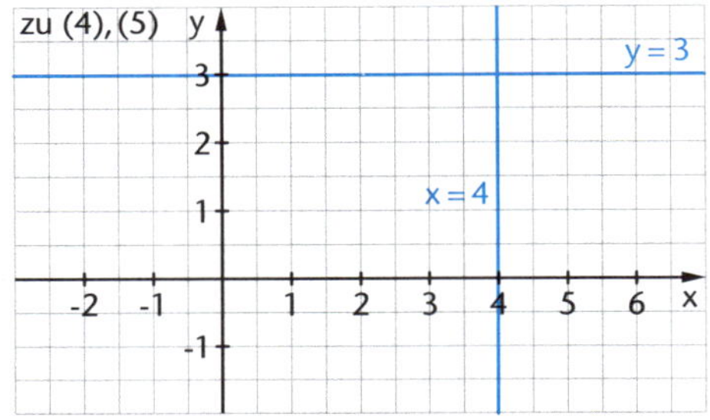

(3) Die Gerade mit der Gleichung $y = \frac{1}{2}(x - 4) + 3 = \frac{1}{2}x - 2 + 3 = \frac{1}{2}x + 1$ kann durch Verschieben der Ursprungsgerade mit der Gleichung $y = \frac{1}{2}x$ um 4 Einheiten nach rechts und 3 Einheiten nach oben erzeugt werden. Verschiebt man die Ursprungsgerade nur um 4 Einheiten nach links, dann ergibt sich die Gerade mit der Gleichung $y = \frac{1}{2}(x - 4) = \frac{1}{2}x - 2$.

(4) Eine Parallele zur y-Achse durch den Punkt (4|0) kann durch die Gleichung $x = 4$ beschrieben werden.

(5) Die Gerade, die durch die Geradengleichung in allgemeiner Form $3x + 2y = 4$ beschrieben wird, lässt sich nach Auflösen der Gleichung nach y auch durch $y = -\frac{3}{2}x + 2$ beschreiben.

Die Gerade mit der Gleichung $2x + 0y = 6 \Leftrightarrow x = 3$ beschreibt die Parallele zur y-Achse durch (3|0).

Die Gerade mit der Gleichung $0x + 2y = 4 \Leftrightarrow y = 2$ beschreibt die Parallele zur x-Achse durch den Punkt (0|2).

A3 Die Gleichung einer Geraden bestimmen.

Eine Gerade g kann gegeben sein durch

(1) zwei Punkte P_1 und P_2, die auf der Geraden liegen, oder

(2) einen Punkt P (r|s) der Geraden und die Steigung m der Geraden.

Im Fall (1) bestimmt man zunächst die Steigung m der Geraden (siehe A1) und hat damit die Voraussetzungen des Falls (2) vorliegen. Dabei spielt es keine Rolle, welchen der beiden Punkte man zur Aufstellung der Geradengleichung verwendet; vielmehr kann man den anderen Punkt dazu benutzen, die Rechnung zu kontrollieren.

Die Gleichung einer Geraden, welche die Steigung m hat und durch den Punkt P (r|s) verläuft, ergibt sich unmittelbar aus der **Verschiebungsform** einer Geraden (siehe A2): $y = m(x - r) + s$. Man setzt die Werte für m, r und s in den Funktionsterm ein und multipliziert die Klammer aus.

Alternativ kann man den Parameter b auch durch Einsetzen der Koordinaten von P in die allgemeine Geradengleichung $y = mx + b$ bestimmen: $s = m \cdot r + b$; nach b aufgelöst ergibt sich dann: $b = s - m \cdot r$.

Beispiele

(1) Gerade durch $P_1(4|3)$; $P_2(1|-2)$: Die Steigung der Geraden ist $m = \frac{-2-3}{1-4} = \frac{-5}{-3} = \frac{5}{3}$.

Setzt man die Koordinaten des Punktes P_1 in die Verschiebungsform ein, dann erhält man: $y = \frac{5}{3} \cdot (x - 4) + 3 = \frac{5}{3} \cdot x - \frac{20}{3} + 3 = \frac{5}{3} \cdot x - \frac{11}{3}$. Setzt man (zur Kontrolle) die Koordinaten des Punktes P_2 ein, dann ergibt sich:

$y = \frac{5}{3} \cdot (x - 1) - 2 = \frac{5}{3} \cdot x - \frac{5}{3} - 2 = \frac{5}{3} \cdot x - \frac{11}{3}$.

(2) Gerade mit Steigung $m = -\frac{3}{4}$ durch den Punkt $P(-3|-4)$:

$y = -\frac{3}{4} \cdot (x + 3) - 4 = -\frac{3}{4} \cdot x - \frac{9}{4} - 4 = -\frac{3}{4} \cdot x - \frac{25}{4}$.

Alternativ kann man die Punktkoordinaten in die Gleichung in Normalform einsetzen, um den Ordinatenabschnitt zu bestimmen: $-4 = -\frac{3}{4} \cdot (-3) + b \Leftrightarrow b = -4 - \frac{9}{4} = -\frac{25}{4}$.

A4 Den Steigungswinkel einer Geraden bestimmen.

Als Steigungswinkel α bezeichnet man denjenigen Winkel im Steigungsdreieck, welcher der Kathete gegenüber liegt, die parallel zur y-Achse ist. Daher gilt: $m = \tan(\alpha) = \frac{\Delta y}{\Delta x}$.

Um α zu bestimmen, muss man die Umkehrfunktion $\tan^{-1}$ auf m anwenden, also $\alpha = \tan^{-1}(m)$.

Die Bezeichnung $\tan^{-1}$ findet man meistens auf Taschenrechnern; eine andere Bezeichnung ist: *arctan* (Arkustangens).

Beispiele

- Die Gerade mit der Steigung $m = 1$ hat den Steigungswinkel $\alpha = \tan^{-1}(1) = 45°$.
- $m = -2$: $\alpha \approx -63{,}4°$
- $m = \frac{1}{3}$: $\alpha \approx 18{,}4°$
- Eine Straße mit Steigung 8 % hat den Steigungswinkel $\alpha = \tan^{-1}(0{,}08) \approx 4{,}6°$.

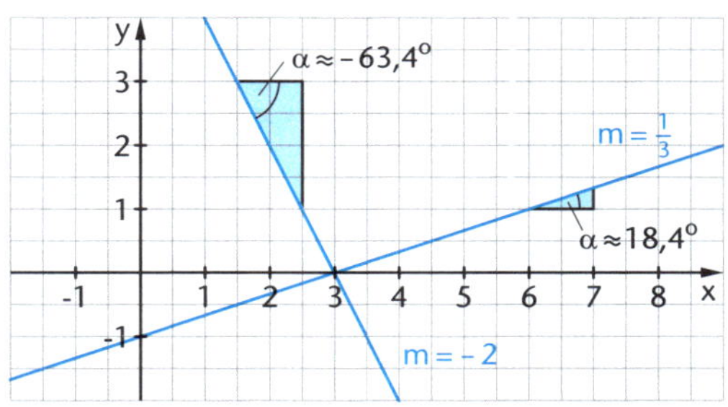

Achtung: Der GTR muss auf den Grad-Modus eingestellt sein.

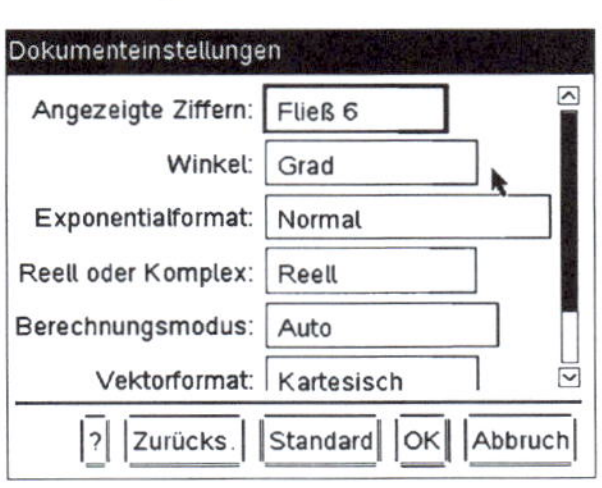

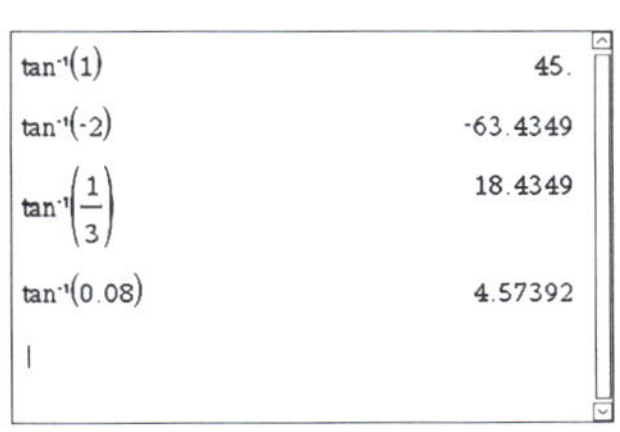

A5 Nachweisen, dass zwei Geraden sich orthogonal schneiden.

Zwei Geraden g_1 und g_2 sind zueinander orthogonal – d. h., sie schneiden sich unter einem Winkel von 90° – genau dann, wenn für die Steigungen m_1 und m_2 gilt:

$m_1 \cdot m_2 = -1$, oder anders ausgedrückt: $m_2 = -\frac{1}{m_1}$ $(m_1, m_2 \neq 0)$.

Beispiele

- Die Gerade g_1 mit $g_1(x) = 3x - 4$ und die Gerade g_2 mit $g_2(x) = -\frac{1}{3}x + 2$ schneiden sich im rechten Winkel.
- Die Gerade g_1 mit $g_1(x) = 2 \cdot (x - 4) + 1$ verläuft durch den Punkt $P(4|1)$ (siehe A2 (3)) und hat die Steigung $m = 2$. Sie wird von der Geraden g_2 mit $g_2(x) = -\frac{1}{2}(x - 4) + 1$ im Punkt $(4|1)$ orthogonal geschnitten.

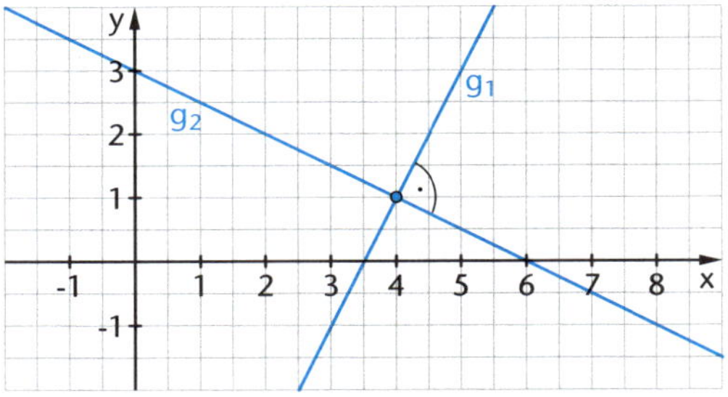

A6 Die Lösung einer linearen Gleichung bestimmen.

Die allgemeine Form einer linearen Gleichung ist $ax = b$ mit $a, b \in \mathbb{R}$, $a \neq 0$. Die Lösung erhält man durch Auflösen nach der Variablen x, also $x = \frac{b}{a}$.

Beispiele

$3x = 4 \Leftrightarrow x = \frac{4}{3}$; $\frac{2}{3}x = -\frac{2}{5} \Leftrightarrow x = -\frac{3}{5}$; $-\frac{4}{3}x = -\frac{6}{5} \Leftrightarrow x = \frac{9}{10}$

A7 Die Nullstelle einer linearen Funktion bestimmen.

Als Nullstelle einer Funktion f bezeichnet man denjenigen x-Wert, für den $f(x) = 0$ gilt.

Die Nullstelle einer linearen Funktion f mit $f(x) = mx + b$ mit $m, b \in \mathbb{R}$, $m \neq 0$, ergibt sich durch Auflösen der Gleichung $mx + b = 0$ nach der Variablen x: $x = -\frac{b}{m}$,

d. h. der Graph der linearen Funktion, eine Gerade, schneidet die x-Achse im Punkt $\left(-\frac{b}{m}\middle|0\right)$.

Beispiele

- $f(x) = -\frac{4}{3}x + 2$: $f(x) = 0 \Leftrightarrow -\frac{4}{3}x + 2 = 0 \Leftrightarrow \frac{4}{3}x = 2 \Leftrightarrow x = \frac{3}{2}$
- $f(x) = \frac{1}{2}x + \frac{2}{3}$: $f(x) = 0 \Leftrightarrow \frac{1}{2}x + \frac{2}{3} = 0 \Leftrightarrow \frac{1}{2}x = -\frac{2}{3} \Leftrightarrow x = -\frac{4}{3}$

A8 Die gegenseitige Lage zweier Geraden untersuchen und ggf. den Schnittpunkt der beiden Geraden bestimmen.

Bei der gegenseitigen Lage zweier Geraden g_1 und g_2 in der Ebene können wir drei Möglichkeiten unterscheiden:

Fall (1): Die beiden Geraden sind zueinander parallel.

Fall (2): Die beiden Geraden schneiden sich in einem Punkt.

Fall (3): Die beiden Geraden sind identisch (d. h. alle Punkte der einen Gerade sind auch Punkte der anderen Gerade und umgekehrt).

Um zu entscheiden, welcher der drei Fälle vorliegt, kann man wie folgt vorgehen:

1. Möglichkeit: Man vergleicht zunächst die Steigungen der beiden Geraden. Wenn diese übereinstimmen, liegt Fall (1) oder Fall (3) vor. Wenn dann irgendein Punkt der Geraden g_1 auch auf g_2 liegt, dann ist der Fall (3) nachgewiesen, sonst Fall (1). Wenn die Steigungen nicht übereinstimmen, muss es einen Schnittpunkt geben, den man durch Gleichsetzen der Funktionsterme bestimmen kann.

2. Möglichkeit: Man setzt die beiden Funktionsterme gleich, also $g_1(x) = g_2(x)$. Wenn diese Gleichung eine Lösung hat, dann ist dies die x-Koordinate des Schnittpunkts. Hat die Gleichung keine Lösung, dann sind die beiden Geraden zueinander parallel. Andernfalls gibt es unendlich viele Lösungen, wenn auf beiden Seiten die gleichen Terme stehen.

Die y-Koordinate des Schnittpunkts erhält man durch Einsetzen der berechneten x-Koordinate in die Funktionsgleichung einer der beiden Geraden (in die andere zur Kontrolle).

Beispiele

(1) Gegeben sind die Geraden g_1 und g_2 durch $g_1(x) = 3x + 4$ und $g_2(x) = 3x - 1$.
Die beiden Geraden sind parallel zueinander, denn die Steigungen sind gleich und sie schneiden die y-Achse in verschiedenen Punkten, nämlich in $(0|4)$ bzw. $(0|-1)$.
Setzt man die Funktionsterme gleich (vgl. 2. Möglichkeit), dann ergibt sich:
$3x + 4 = 3x - 1 \Leftrightarrow 4 = -1$, d. h. für keine der Einsetzungen von x ergibt sich eine wahre Aussage, d. h. die beiden Geraden haben keinen Punkt gemeinsam.

(2) Gegeben sind die Geraden g_1 und g_2 durch $g_1(x) = 2x + 3$ und $g_2(x) = -3x - 2$. Die beiden Geraden schneiden sich, denn sie haben unterschiedliche Steigungen.

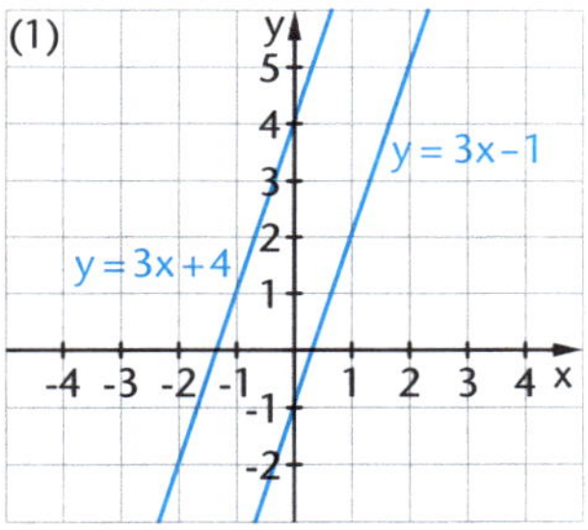

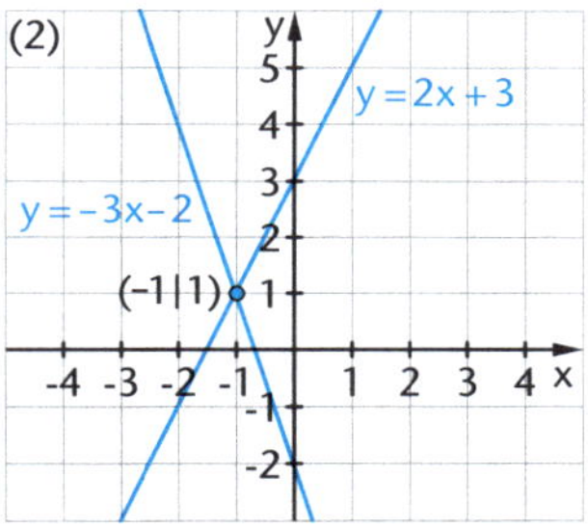

Den Schnittpunkt erhalten wir durch Gleichsetzen der Funktionsterme:
$2x + 3 = -3x - 2$. Umgeformt und nach x aufgelöst ergibt sich: $5x = -5$, also $x = -1$.
Die y-Koordinate ergibt sich durch Einsetzen: $g_1(-1) = 2 \cdot (-1) + 3 = 1$ oder
$g_2(-1) = -3 \cdot (-1) - 2 = 1$. Der Schnittpunkt der beiden Geraden ist also $(-1|1)$.

(3) Wenn die Geradengleichungen von g_1 und g_2 nicht als Funktionsgleichungen gegeben sind, sondern beispielsweise als Geradengleichungen in allgemeiner Form, dann kann man die Steigung der beiden Geraden nicht direkt ablesen und also nicht unmittelbar entscheiden, ob die Geraden evtl. identisch sind: $g_1: 2x + 4y = 6$ und $g_2: 3x + 6y = 9$ führt nach Umformung in beiden Fällen auf $y = -\frac{1}{2}x + \frac{3}{2}$, also auf identische Geraden.

A9 Die Lösung eines linearen Gleichungssystems mit zwei Gleichungen und zwei Variablen bestimmen.

Ein lineares Gleichungssystem mit zwei Gleichungen und zwei Variablen wird in der Form $\left|\begin{matrix} a_1x + b_1y = c_1 \\ a_2x + b_2y = c_2 \end{matrix}\right|$ dargestellt.

Gesucht ist das Paar $(x; y)$, das beide Gleichungen erfüllt.

Das Gleichungssystem kann man nach verschiedenen Verfahren lösen, dabei ist das Additionsverfahren dasjenige Verfahren, das sich am ehesten verallgemeinern lässt.

Da die beiden Gleichungen geometrisch als Gleichungen von Geraden interpretiert werden können, gibt es drei Möglichkeiten, vergleiche auch A8:

(1) Das Gleichungssystem hat eine Lösung, das Lösungspaar $(x; y)$.

(2) Das Gleichungssystem hat keine Lösung.

(3) Das Gleichungssystem hat unendlich viele Lösungen.

Beispiele

(1) $\left|\begin{matrix} 3x + 1y = 1 \\ 2x - 5y = 12 \end{matrix}\right| \begin{matrix} \cdot 5 \\ \hookleftarrow \end{matrix} \Leftrightarrow \left|\begin{matrix} 3x + 1y = 1 \\ 17x = 17 \end{matrix}\right| \begin{matrix} \\ :17 \end{matrix} \Leftrightarrow \left|\begin{matrix} 3x + 1y = 1 \\ x = 1 \end{matrix}\right| \Leftrightarrow \left|\begin{matrix} 3 + 1y = 1 \\ x = 1 \end{matrix}\right|$

$\Leftrightarrow \left|\begin{matrix} y = -2 \\ x = 1 \end{matrix}\right|$, $\quad L = \{(1; 2)\}$

(2) $\left|\begin{matrix} x + 3y = 4 \\ 2x + 6y = 7 \end{matrix}\right| \begin{matrix} \cdot(-2) \\ \hookleftarrow \end{matrix} \Leftrightarrow \left|\begin{matrix} x + 3y = 4 \\ 0 = -1 \end{matrix}\right|$, $\quad L = \{\ \}$

Die falsche Aussage $0 = -1$ hat zur Folge, dass das Gleichungssystem keine Lösung hat.

(3) $\left|\begin{matrix} x + 3y = 4 \\ 2x + 6y = 8 \end{matrix}\right| \begin{matrix} \cdot(-2) \\ \hookleftarrow \end{matrix} \Leftrightarrow \left|\begin{matrix} x + 3y = 4 \\ 0 = 0 \end{matrix}\right| \Leftrightarrow x + 3y = 4$

$\Leftrightarrow y = -\frac{1}{3}x + \frac{4}{3}$, $\quad L = \left\{(x; y) \,\middle|\, y = -\frac{1}{3}x + \frac{4}{3}\right\}$

Es gibt unendlich viele Lösungen, die man mithilfe von $\left(x \,\middle|\, -\frac{1}{3}x + \frac{4}{3}\right)$ oder $(4 - 3y\,|\,y)$ darstellen kann.

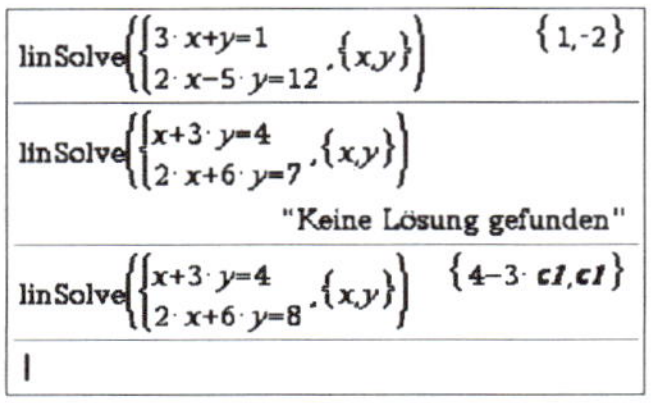

A10 Die Lösungen einer quadratischen Gleichung bestimmen.

(1) Die Normalform einer quadratischen Gleichung ist $x^2 + px + q = 0$ mit $p, q \in \mathbb{R}$. Die Lösung der Gleichung erfolgt nach dem Lösungsverfahren der quadratischen Ergänzung:

$$x^2 + px + q = 0 \Leftrightarrow x^2 + px = -q \Leftrightarrow x^2 + px + \left(\frac{p}{2}\right)^2 = \left(\frac{p}{2}\right)^2 - q \Leftrightarrow \left(x + \frac{p}{2}\right)^2 = \frac{p^2}{4} - q.$$

Falls $\frac{p^2}{4} - q > 0$, besitzt die Gleichung zwei Lösungen, nämlich $x_1 = -\frac{p}{2} - \sqrt{\frac{p^2}{4} - q}$ und $x_2 = -\frac{p}{2} + \sqrt{\frac{p^2}{4} - q}$.

Falls $\frac{p^2}{4} - q = 0$, besitzt die Gleichung genau eine Lösung, nämlich $x = -\frac{p}{2}$.

Falls $\frac{p^2}{4} - q < 0$, besitzt die Gleichung keine Lösung.

(2) Ist eine quadratische Gleichung in Normalform $x^2 + px + q = 0$ gegeben mit $q = 0$, dann ist die Lösung durch Ausklammern der Variablen x unmittelbar ablesbar:

$x^2 + px = 0 \Leftrightarrow x \cdot (x - p) = 0 \Leftrightarrow x = 0 \vee x = p$ (da gilt: *Ein Produkt ist null genau dann, wenn mindestens einer der Faktoren gleich null ist.*)

(3) Ist die quadratische Gleichung bereits in **Produktform** gegeben: $(x - x_1) \cdot (x - x_2) = 0$, dann kann man die Lösungen der Gleichung unmittelbar ablesen: Die beiden Lösungen sind x_1 und x_2. Falls $x_1 = x_2$ ist, hat die quadratische Gleichung nur eine Lösung (da beide Lösungen übereinstimmen).

(4) Zwischen den Koeffizienten p und q der o. a. Normalform und den Lösungen x_1 und x_2 besteht folgender Zusammenhang:
$x_1 + x_2 = -p$ und $x_1 \cdot x_2 = q$.
Dieser **Satz von Vieta** kann dazu benutzt werden, bei geeigneten quadratischen Gleichungen die Lösung durch Faktorisieren des quadratischen Terms zu finden.

(5) Ist die quadratische Gleichung in der **allgemeinen Form** $ax^2 + bx + c = 0$ gegeben (mit $a, b, c \in \mathbb{R}$, $a \neq 0$), dann dividiert man beide Seiten der Gleichung durch a und erhält damit eine Gleichung in Normalform, s. o.

Beispiele

(1) $x^2 + 4x + 2 = 0 \Leftrightarrow x^2 + 4x = -2$
$\Leftrightarrow x^2 + 4x + 2^2 = 2^2 - 2 \Leftrightarrow (x + 2)^2 = 2$
$\Leftrightarrow x = -2 - \sqrt{2} \vee x = -2 + \sqrt{2}$

$x^2 + 4x + 4 = 0 \Leftrightarrow x^2 + 4x = -4$
$\Leftrightarrow x^2 + 4x + 2^2 = 2^2 - 4 \Leftrightarrow (x + 2)^2 = 0 \Leftrightarrow x = -2$

$x^2 + 4x + 7 = 0 \Leftrightarrow x^2 + 4x = -7$
$\Leftrightarrow x^2 + 4x + 2^2 = 2^2 - 7 \Leftrightarrow (x + 2)^2 = -3$

Es existiert keine Lösung, da das Quadrat $(x + 4)^2$ für keine Einsetzung von x negativ werden kann.

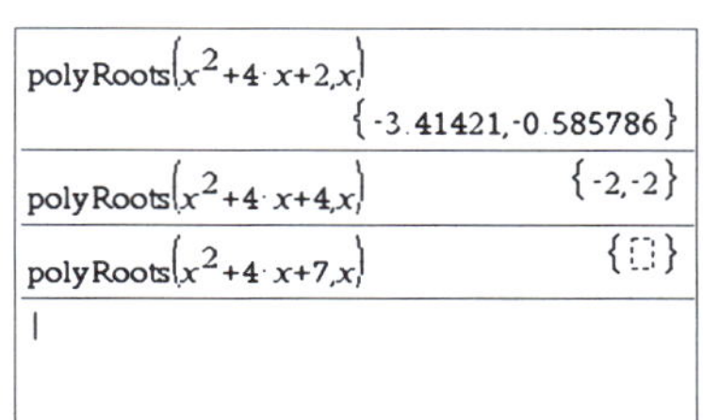

(2) $x^2 - 5x = 0 \Leftrightarrow x \cdot (x - 5) = 0 \Leftrightarrow x = 0 \vee x - 5 = 0 \Leftrightarrow x = 0 \vee x = 5$

(3) $(x - 3) \cdot (x + 2) = 0 \Leftrightarrow x - 3 = 0 \vee x + 2 = 0 \Leftrightarrow x = 3 \vee x = -2$

(4) $x^2 - 6x + 5 = 0$: Das absolute Glied 5 könnte Produkt von $x_1 = 1$ und $x_2 = 5$ sein oder von $x_1 = -1$ und $x_2 = -5$.

Ausprobieren zeigt: $(x - 1) \cdot (x - 5) = x^2 - 6x + 5$; also hat die Gleichung $x^2 - 6x + 5 = 0$ die Lösungen $x_1 = 1$; $x_2 = 5$.

$x^2 + 2x - 8 = 0$: Das absolute Glied -8 könnte Produkt von $x_1 = 2$ und $x_2 = -4$ sein oder von $x_1 = -2$ und $x_2 = 4$ oder von $x_1 = 1$ und $x_2 = -8$ oder von $x_1 = -1$ und $x_2 = 8$.

Ausprobieren zeigt: $(x + 4) \cdot (x - 2) = x^2 + 2x - 8$; also hat die Gleichung $x^2 + 2x - 8 = 0$ die Lösungen $x_1 = -4$; $x_2 = 2$.

(5) $3x^2 + 4x - 5 = 0 \Leftrightarrow x^2 + \frac{4}{3}x - \frac{5}{3} = 0 \Leftrightarrow x^2 + \frac{4}{3}x = \frac{5}{3} \Leftrightarrow x^2 + \frac{4}{3}x + \left(\frac{2}{3}\right)^2 = \frac{5}{3} + \left(\frac{2}{3}\right)^2$

$\Leftrightarrow \left(x + \frac{2}{3}\right)^2 = \frac{19}{9} \Leftrightarrow x = \frac{-2 - \sqrt{19}}{3} \vee x = \frac{-2 + \sqrt{19}}{3}$

A11 Die Nullstellen einer quadratischen Funktion bestimmen.

Als Nullstelle einer Funktion f bezeichnet man denjenigen x-Wert, für den $f(x) = 0$ gilt.

Die Nullstelle einer quadratischen Funktion f mit $f(x) = ax^2 + bx + c$ mit $a, b, c \in \mathbb{R}$, $a \neq 0$, zu bestimmen, bedeutet, die quadratische Gleichung in allgemeiner Form $ax^2 + bx + c = 0$ zu lösen (siehe A10). Daher kann eine quadratische Funktion 0, 1 oder 2 Nullstellen besitzen.

Hat die quadratische Funktion nur *eine* Nullstelle, dann berührt der Graph, eine quadratische Parabel, die x-Achse – man bezeichnet dies auch als doppelte Nullstelle.

Hat der Graph *keine* Nullstelle, dann verläuft der Graph vollständig unterhalb oder vollständig oberhalb der x-Achse.

Beispiele

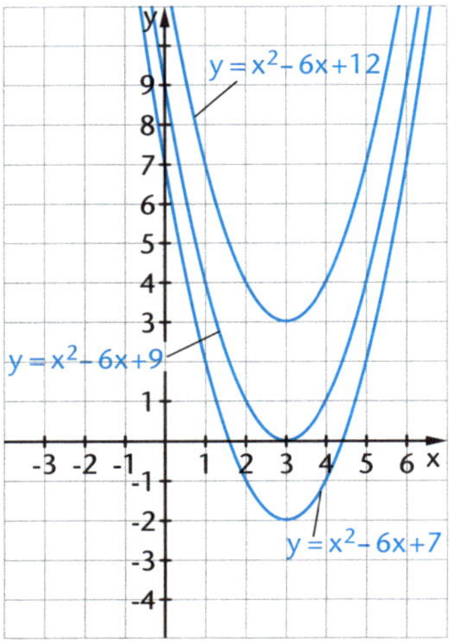

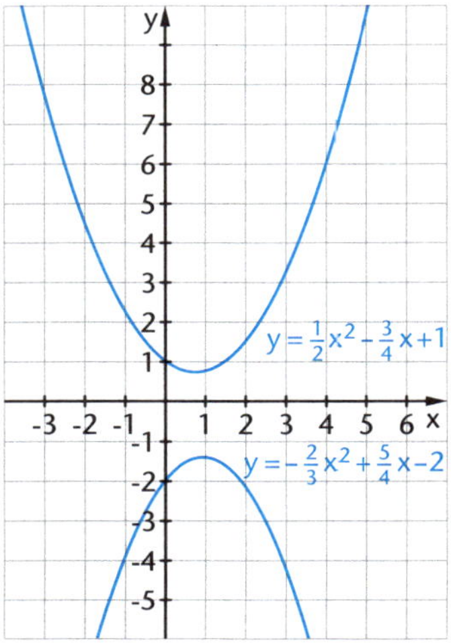

A12 Den Scheitelpunkt einer quadratischen Funktion bestimmen.

(1) Bei einer quadratischen Funktion f mit $f(x) = a x^2 + b x + c$ mit $a, b, c \in \mathbb{R}$, $a \neq 0$, hängt es vom Vorzeichen des Koeffizienten a ab, ob die Parabel nach oben (falls $a > 0$) oder nach unten (falls $a < 0$) geöffnet ist.

Besitzt die Parabel zwei Nullstellen, dann liegt der Scheitelpunkt der Parabel unterhalb der x-Achse, falls $a > 0$, andernfalls oberhalb der x-Achse. Da quadratische Parabeln achsensymmetrisch zu einer Achse durch den Scheitelpunkt sind, liegen die beiden Nullstellen symmetrisch zu dieser Achse, d. h. die x-Koordinate des Scheitelpunkts ist gleich dem Mittelwert der beiden Nullstellen.

(2) Ist die quadratische Funktion f durch die Funktionsgleichung $f(x) = x^2 + p x + q$ gegeben, dann lässt sich der Scheitelpunkt dieser nach oben geöffneten **Normalparabel** wie folgt bestimmen:

Man formt den Funktionsterm so um, dass er folgende Form hat:
$f(x) = (x - d)^2 + e$. Dann ist $S(d \mid e)$ der Scheitelpunkt der quadratischen Parabel.

(3) Für die allgemeine quadratische Funktion f mit $f(x) = a x^2 + b x + c$ gilt:

Der Funktionsterm kann umgeformt werden in die Form:
$f(x) = a \cdot (x - h)^2 + k$.
Dann ist $S(h \mid k)$ der Scheitelpunkt der gestreckten Parabel.

Beispiele

(2) Die Parabel zu

$$f(x) = x^2 - 5x + 7$$
$$= x^2 - 5x + \left(\frac{5}{2}\right)^2 + 7 - \left(\frac{5}{2}\right)^2$$
$$= \left(x - \frac{5}{2}\right)^2 + \frac{3}{4}$$

ist nach oben geöffnet und hat den Scheitelpunkt $S\left(\frac{5}{2} \middle| \frac{3}{4}\right)$.

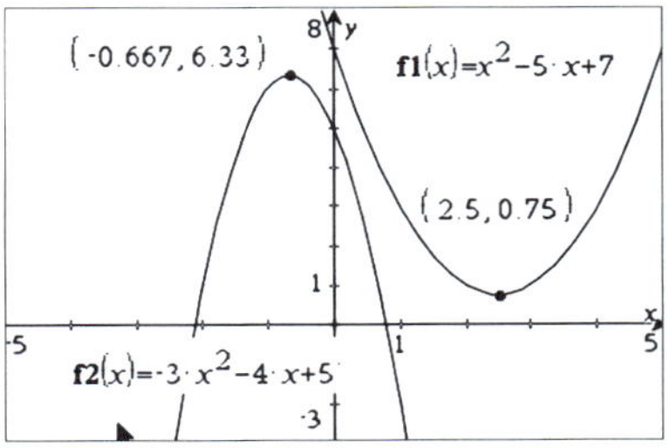

(3) Die Parabel zu

$$f(x) = -3x^2 - 4x + 5$$
$$= (-3) \cdot \left[x^2 + \frac{4}{3}x\right] + 5$$
$$= (-3) \cdot \left[x^2 + \frac{4}{3}x + \left(\frac{2}{3}\right)^2\right] + 5 - (-3) \cdot \left(\frac{2}{3}\right)^2$$
$$= (-3) \cdot \left(x + \frac{2}{3}\right)^2 + \frac{19}{3}$$

ist nach unten geöffnet und hat den Scheitelpunkt $S\left(-\frac{2}{3} \middle| \frac{19}{3}\right)$.

B1 Die Definition einer Potenzfunktion angeben.

Eine Funktion f mit der Funktionsgleichung $f(x) = x^n$ mit $x \in \mathbb{R}$ und $n \in \mathbb{R}\setminus\{0\}$ wird als **Potenzfunktion** bezeichnet.

- Ist der Exponent n eine natürliche Zahl (ungleich null), so heißt der Graph einer solchen Funktion **Parabel n-ten Grades.** Auch die Graphen der Umkehrfunktionen dieser Funktionen werden oft als Parabeln bezeichnet.
- Ist der Exponent n eine negative ganze Zahl, so spricht man von **Hyperbeln**.

Potenzfunktionen mit natürlichen Exponenten $n \in \mathbb{N}^+$ sind für alle $x \in \mathbb{R}$ definiert. Die Graphen verlaufen alle durch den Ursprung O (0 | 0) des Koordinatensystems und durch den Punkt P (1 | 1), für gerade $n \in \mathbb{N}$ außerdem durch den Punkt Q (−1 | 1), für ungerade $n \in \mathbb{N}$ durch den Punkt R (−1 | −1).

Potenzfunktionen mit negativen ganzzahligen Exponenten $n \in \mathbb{Z}^-$ sind nur für $x = 0$ nicht definiert. Die Graphen verlaufen alle durch den Punkt P (1 | 1), für gerade $n \in \mathbb{Z}^-$ außerdem durch den Punkt Q (−1 | 1), für ungerade $n \in \mathbb{Z}^-$ durch den Punkt R (−1 | −1).

Beispiele

(1) n = 1, 2, 3, 4, 5

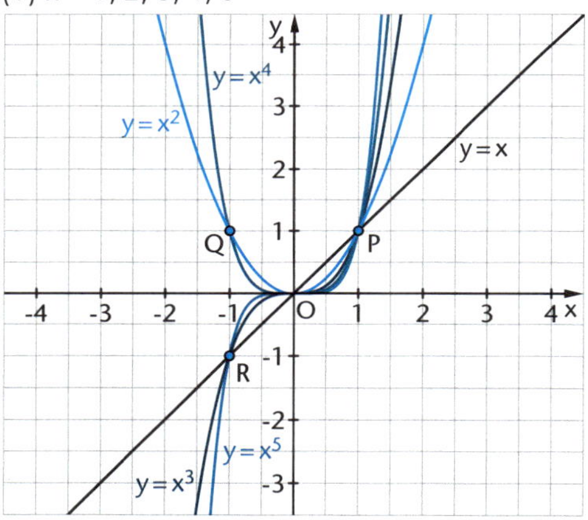

(2) n = −1, −2, −3, −4, −5

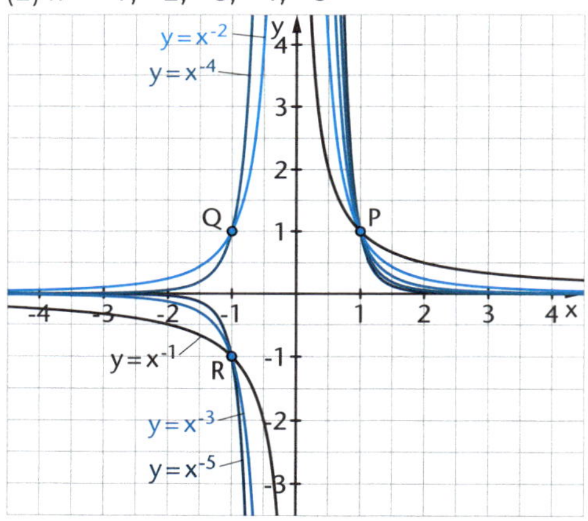

(3) $n = \frac{1}{2}$, $n = \frac{1}{3}$

Die Umkehrfunktionen von $y = x^2$ bzw. $y = x^3$ sind nur für $x \geq 0$ definiert, d. h. nur der positive Ast der quadratischen bzw. kubischen Parabel wird an $y = x$ gespiegelt.

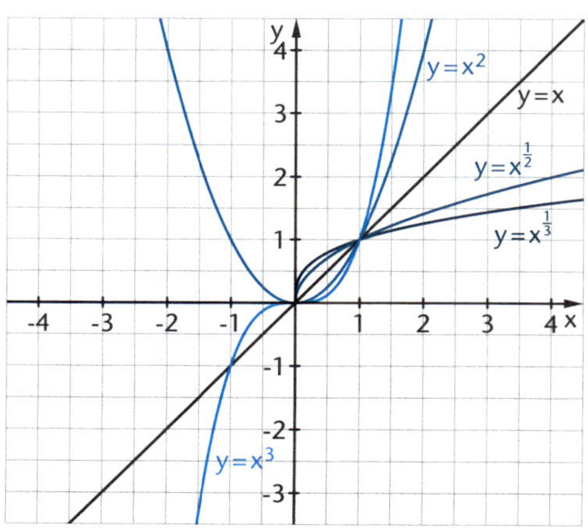

B2 Die Definition einer ganzrationalen Funktion angeben.

Eine Funktion f, deren Funktionsterm dargestellt werden kann als Summe von Vielfachen von Potenzfunktionen mit natürlichen Exponenten, wird als **ganzrationale Funktion** bezeichnet. Der zugehörige Funktionsterm hat also die Form

$a_n x^n + a_{n-1} x^{n-1} + \ldots + a_2 x^2 + a_1 x + a_0$ mit $n \in \mathbb{N}$, $a_0, a_1, a_2, \ldots, a_n \in \mathbb{R}$

und wird als **Polynom** bezeichnet. Der höchste auftretende Exponent des Funktionsterms wird als Grad der Funktion bezeichnet.

Ganzrationale Funktionen sind für alle $x \in \mathbb{R}$ definiert.

Beispiele

Graph einer ...

(1) ... ganzrationalen Funktion 3. Grades

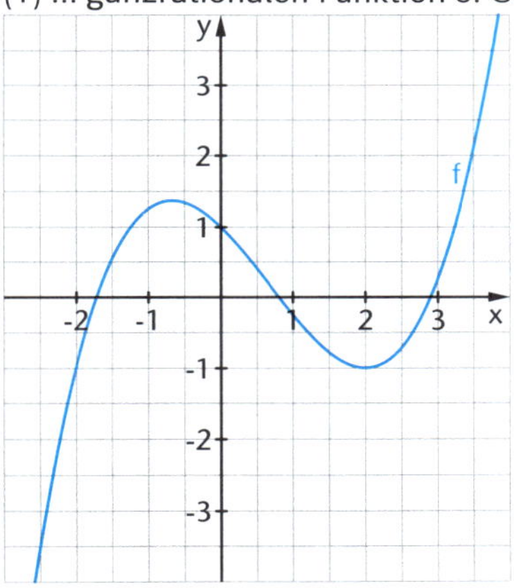

$f(x) = \frac{1}{4}x^3 - \frac{1}{2}x^2 - x + 1$

(2) ... ganzrationalen Funktion 4. Grades

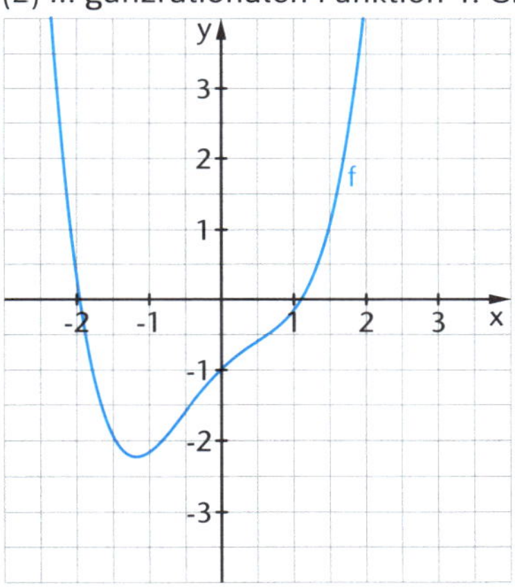

$f(x) = \frac{1}{3}x^4 - \frac{1}{2}x^2 + x - 1$

B3 Die Definition von Exponentialfunktionen angeben.

Eine Funktion f mit der Funktionsgleichung $f(x) = a \cdot b^x$ mit $a \in \mathbb{R}\setminus\{0\}$, $b > 0$ und $b \neq 1$ wird als **Exponentialfunktion mit Basis b** bezeichnet. Exponentialfunktionen sind für alle $x \in \mathbb{R}$ definiert.

Als **exponentielles Wachstum** bezeichnet man Prozesse, deren Entwicklung sich mithilfe einer Exponentialfunktion beschreiben lässt. Ist die Basis $b > 1$, dann spricht man von **exponentieller Zunahme**, für $0 < b < 1$ von **exponentieller Abnahme**.

Der Funktionswert $a = f(0)$ wird als **Anfangswert** des Wachstumsprozesses bezeichnet. Die Basis b wird auch als **Wachstumsfaktor** bezeichnet.

Wächst eine Größe in gleichen Zeitintervallen mit dem gleichen Prozentsatz, der **Wachstumsrate** p %, dann berechnet sich der Wachstumsfaktor als $b = 1 + \frac{p}{100}$.

Nimmt eine Größe in gleichen Zeitintervallen mit dem gleichen Prozentsatz ab, der **Abnahmerate** p %, dann berechnet sich der Abnahmefaktor als $b = 1 - \frac{p}{100}$.

Beispiele

(1) $y = 1{,}2^x$; $y = 1{,}4^x$; $y = 1{,}6^x$; $y = 1{,}8^x$; $y = 2^x$; $y = 2{,}2^x$

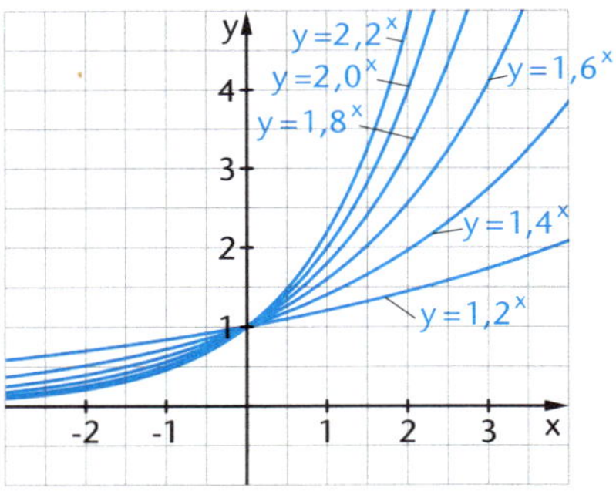

Die exponentielle Wachstumsrate beträgt 20 %, 40 %, 60 %, 80 %, 100 %, 120 %.

(2) $y = 0{,}8^x$; $y = 0{,}7^x$; $y = 0{,}6^x$; $y = 0{,}5^x$; $y = 0{,}4^x$

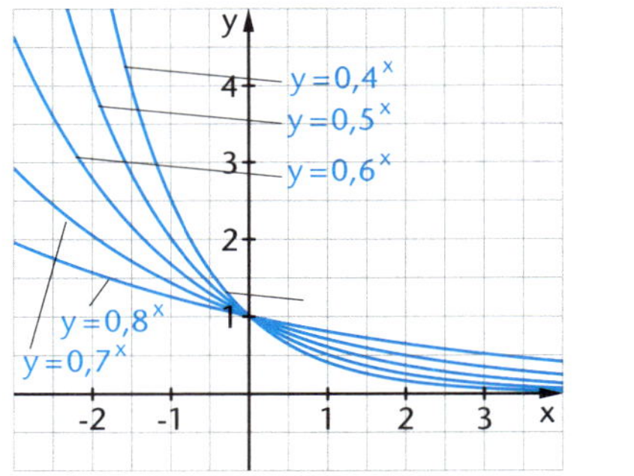

Die exponentielle Abnahmerate beträgt 20 %, 30 %, 40 %, 50 %, 60 %.

B4 Sinusfunktionen

Ein vom Ursprung O (0 | 0) des Koordinatensystems ausgehender Strahl schneidet den Einheitskreis im Punkt P (u | v). Er bildet mit der x-Achse den Winkel α und legt gleichzeitig einen Bogen x auf dem Einheitskreis fest (**Einheitskreis** = Kreis mit Radius 1 um O (0 | 0)).

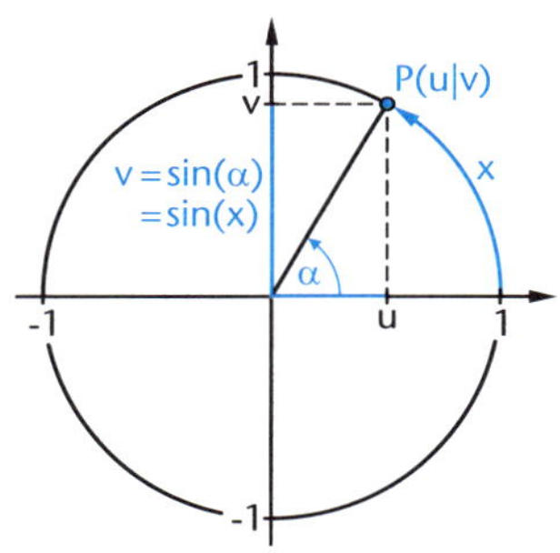

Die erste Koordinate u des Punkts P wird als **Kosinus** des Winkels α/des Bogens x bezeichnet, die zweite Koordinate v des Punkts P als **Sinus** des Winkels α/des Bogens x.

Die Funktion, die jedem Bogen $x \in \mathbb{R}$ die reelle Zahl sin (x) zuordnet, heißt **Sinusfunktion**. Der Definitionsbereich der Sinusfunktion ist $\mathbb{R}$.

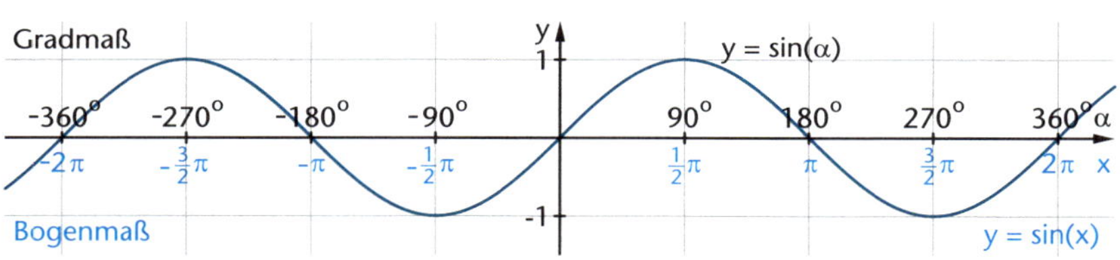

Zwischen Gradmaß und Bogenmaß kann wie folgt umgerechnet werden:

$\frac{\alpha}{180} = \frac{x}{\pi}$, also $\alpha = \frac{x}{\pi} \cdot 180$ und $x = \frac{\alpha}{180} \cdot \pi$.

Ausgehend von der am Einheitskreis definierten Sinusfunktion wird die **allgemeine Sinusfunktion** definiert durch die Funktionsgleichung $f(x) = a \cdot \sin(b \cdot (x - c)) + d$, siehe E8.

Beispiele für die Umrechnung von Grad- und Bogenmaß

α	– 90°	– 45°	–0°	30°	45°	60°	90°	180°	270°	360°
x	$-\frac{\pi}{2}$	$-\frac{\pi}{4}$	0	$\frac{\pi}{6}$	$\frac{\pi}{4}$	$\frac{\pi}{3}$	$\frac{\pi}{2}$	π	$\frac{3}{2}\pi$	2 π

C1 Funktionswerte von Funktionen berechnen.

Man bestimmt den Funktionswert einer Funktion f, indem man im Funktionsterm f(x) die Funktionsvariable x durch einen konkreten Wert ersetzt und den Term ausrechnet (Analoges gilt, wenn die Funktionsvariable nicht x heißt).

Beispiele

- $f(x) = 3x - 2;\ x = -1$: $f(-1) = 3\cdot(-1) - 2 = -3 - 2 = -5$
- $f(t) = t^2 + 5t - 18;\ t = 3$: $f(3) = 3^2 + 5\cdot 3 - 18 = 9 + 15 - 18 = 6$
- $f(x) = x^3 + 3x^2 + 5x + 1;\ x = -2$: $f(-2) = (-2)^3 + 3\cdot(-2)^2 + 5\cdot(-2) + 1 = -8 + 12 - 10 + 1 = -5$
- $f(x) = x^4 + 5x^2 - 6;\ x = 0$: $f(0) = 0^4 + 5\cdot 0^2 - 6 = -6$
- Ist der Funktionsterm einer ganzrationalen Funktion in Produktdarstellung gegeben, dann ist die Berechnung von Funktionswerten i. A. weniger aufwändig, da weniger Rechenoperationen durchgeführt werden müssen:

  $f(x) = (x + 4)(x - 2)(x - 3);\ x = 1$: $f(1) = (1 + 4)\cdot(1 - 2)\cdot(1 - 3) = 5\cdot(-1)\cdot(-2) = 10$
- $f(x) = \sqrt{x - 2};\ x = 4$: $f(4) = \sqrt{2}$
- $f(x) = 0{,}8\cdot 2^x;\ x = 3$: $f(3) = 0{,}8\cdot 2^3 = 6{,}4$
- $f(x) = 1{,}5\cdot\sin(0{,}5\cdot(x + \pi)) + 1;\ x = 0$: $f(0) = 1{,}5\cdot\sin\left(\frac{\pi}{2}\right) + 1 = 2{,}5$

C2 Überprüfen, ob ein gegebener Punkt auf dem Graphen einer Funktion liegt (Punktprobe).

Bei der Punktprobe sind die Koordinaten eines Punktes $P(a|b)$ und ein Funktionsterm f(x) gegeben.

Wenn man die x-Koordinate des Punktes, also a, in den Funktionsterm einsetzt, also den Funktionswert an der Stelle $x = a$ berechnet (siehe C1), dann sind zwei Fälle möglich:

- Gilt $f(a) = b$, dann liegt der Punkt P auf dem Graphen der Funktion f.
- Gilt $f(a) \neq b$, dann liegt der Punkt P nicht auf dem Graphen der Funktion f.

Beispiele

- $f(x) = 3x - 2;\ P(2|4)$:
  $f(2) = 3\cdot 2 - 2 = 6 - 2 = 4$ ⇒ P liegt auf dem Graphen von f
- $f(t) = t^2 + 5t - 18;\ P(1|-10)$:
  $f(1) = 1^2 + 5\cdot 1 - 18 = 1 + 5 - 18 = -12$ ⇒ P liegt nicht auf dem Graphen von f
- $f(x) = x^3 + 3x^2 + 5x + 1;\ P(-1|0)$:
  $f(-1) = (-1)^3 + 3\cdot(-1)^2 + 5\cdot(-1) + 1 = -1 + 3 - 5 + 1 = -2$ ⇒ P liegt nicht auf dem Graphen von f
- $f(x) = x^4 + 5x^2 - 6;\ P(3|120)$:
  $f(3) = 3^4 + 5\cdot 3^2 - 6 = 81 + 45 - 6 = 120$ ⇒ P liegt auf dem Graphen von f

- $f(x) = (x+4)(x-2)(x-3)$; $P(0|-24)$:
  $f(0) = (0+4)\cdot(0-2)\cdot(0-3) = 4\cdot(-2)\cdot(-3) = 24$ $\Rightarrow$ P liegt nicht auf dem Graphen von f
- $f(x) = \sqrt{x-2}$; $P(3|1)$:
  $f(3) = \sqrt{3-2} = 1$ $\Rightarrow$ P liegt auf dem Graphen von f
- $f(x) = 0{,}8\cdot 2^x$; $P(-2|\frac{1}{4})$:
  $f(-2) = 0{,}8\cdot 2^{-2} = 0{,}8\cdot\frac{1}{4} = 0{,}2$ $\Rightarrow$ P liegt nicht auf dem Graphen von f
- $f(x) = 1{,}5\cdot\sin(0{,}5\cdot(x+\pi)) + 1$; $P\left(\frac{\pi}{2}|2\right)$:
  $f\left(\frac{\pi}{2}\right) = 1{,}5\cdot\sin\left(\frac{3}{4}\pi\right) + 1 = 1{,}5\cdot\frac{1}{2}\sqrt{2} \approx 2{,}06$ $\Rightarrow$ P liegt nicht auf dem Graphen von f

C3 Die Definition der Achsensymmetrie eines Graphen zur y-Achse angeben.

Der Graph einer Funktion f ist **achsensymmetrisch zur y-Achse** genau dann, wenn für alle $x \in D_f$ gilt: $f(-x) = f(x)$.

Beispiele

- Der Graph der Funktion f mit $f(x) = x^4 - 3x^2 - 2$ ist achsensymmetrisch zur y-Achse, da der Term $f(-x) = (-x)^4 - 3\cdot(-x)^2 - 2 = x^4 - 3x^2 - 2$ vollständig mit dem Term von f(x) übereinstimmt.

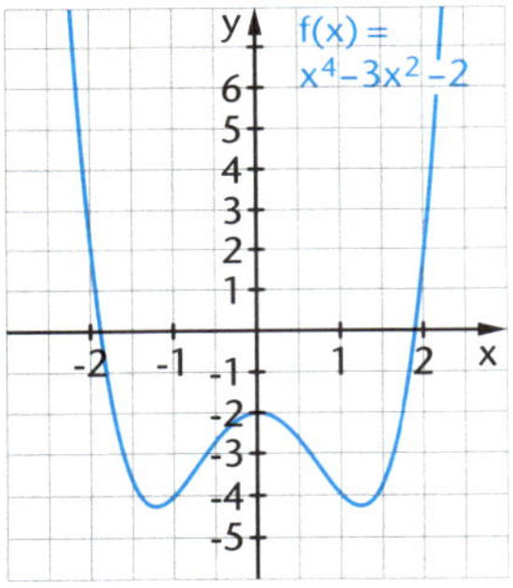

- Der Graph der Funktion f mit $f(x) = x^3 + 2x^2 - 4x + 5$ ist nicht achsensymmetrisch zur y-Achse, da die Terme $f(-x) = (-x)^3 + 2\cdot(-x)^2 - 4\cdot(-x) + 5 = -x^3 + 2x^2 + 4x + 5$ und $f(x) = x^3 + 2x^2 - 4x + 5$ nicht vollständig übereinstimmen. Es gilt also nicht für alle $x \in \mathbb{R}$: $f(-x) = f(x)$; beispielsweise gilt: $f(-1) = 10$ und $f(1) = 4$.
- Der Graph der Funktion f mit $f(x) = \cos(x)$ ist achsensymmetrisch zur y-Achse, denn $\cos(-x) = \cos(x)$.

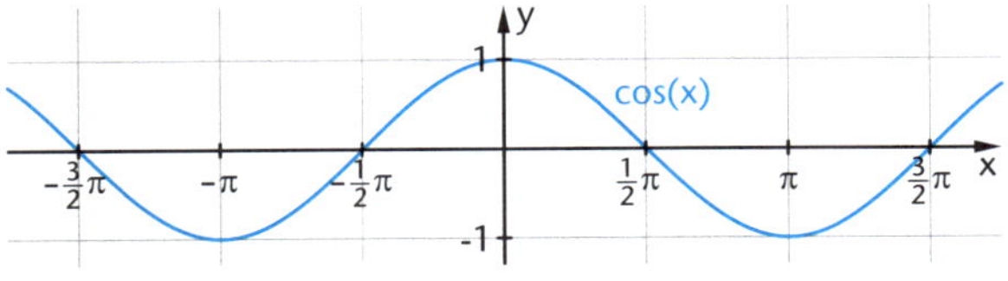

- Graphen von Exponentialfunktionen können nicht achsensymmetrisch zur y-Achse sein.

C4 Die Definition der Punktsymmetrie eines Graphen zum Ursprung angeben.

Der Graph einer Funktion f ist **punktsysmmetrisch zum Ursprung** O (0|0) genau dann, wenn für alle $x \in D_f$ gilt: $f(-x) = -f(x)$.

Beispiele

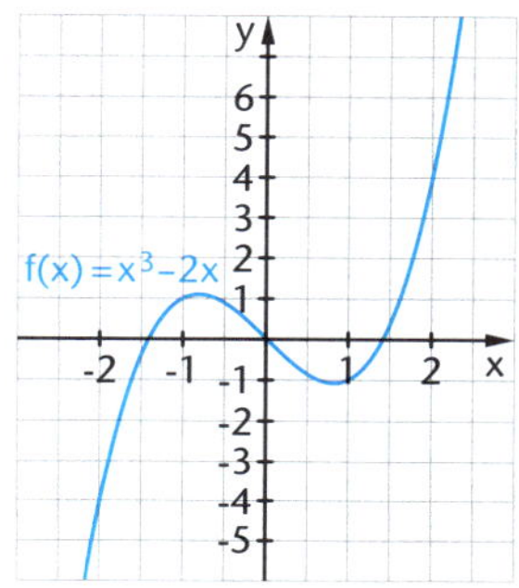

- Der Graph der Funktion f mit $f(x) = x^3 - 2x$ ist punktsymmetrisch zum Ursprung O (0|0), da der Term $f(-x) = (-x)^3 - 2 \cdot (-x) = -x^3 + 2x = (-1) \cdot (x^3 - 2x)$ genau das (–1)-Fache des Terms von f(x) ist.
- Der Graph der Funktion f mit $f(x) = x^3 + 3x^2 + 2x - 3$ ist nicht punktsymmetrisch zum Ursprung, da der Term $f(-x) = (-x)^3 + 3 \cdot (-x)^2 + 2 \cdot (-x) - 3 = -x^3 + 3x^2 - 2x - 3$ nicht das (–1)-Fache des Terms von $f(x) = x^3 + 3x^2 + 2x - 3$ ist. Es gilt also nicht für alle $x \in \mathbb{R}$: $f(-x) = -f(x)$; beispielsweise ist zwar $f(-1) = -3$ das (–1)-Fache von $f(1) = 3$, aber $f(-2) = -3$ nicht das (–1)-Fache von $f(2) = 21$.
- Der Graph der Funktion f mit $f(x) = \sin(x)$ ist punktsymmetrisch zum Ursprung.
- Graphen von Exponentialfunktionen können nicht punktsymmetrisch zum Ursprung sein.

C5 Definieren, wann ein Graph auf einem Intervall streng monoton steigend [fallend] ist.

Der Graph der Funktion f ist auf einem Intervall I **streng monoton steigend [fallend]** genau dann, wenn für beliebige $x_1, x_2 \in I$ mit $x_1 < x_2$ gilt:
$f(x_1) < f(x_2)$ $[f(x_1) > f(x_2)]$.

Der Nachweis der Eigenschaft gemäß Definition ist schon bei ganzrationalen Funktionen 3. Grades sehr aufwändig; durch die Differenzialrechnung wird ein leicht handhabbares Kriterium zur Verfügung gestellt, siehe G1.

Beispiele

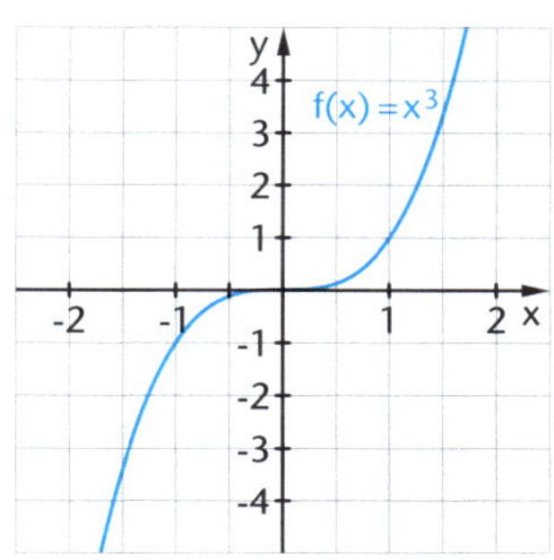

(1) Der Graph der kubischen Funktion f mit $f(x) = x^3$ ist auf ganz $\mathbb{R}$ streng monoton steigend, denn für alle $x_1 < x_2$ gilt: $x_1^3 < x_2^3$.
An der Stelle x = 0 liegt eine sogenannte **Sattelstelle** vor, siehe G2.

(2) Der Graph der Funktion f mit $f(x) = x^3 - 4{,}5x^2 + 6x - 2$ ist streng monoton steigend auf dem Intervall $]-\infty;1]$, dann streng monoton fallend auf dem Intervall $[1;2]$, dann wieder streng monoton steigend auf dem Intervall $[2;+\infty[$.

(3) Der Graph der Funktion f mit $f(x) = x^4 - 8x^2 + 12$ ist streng monoton fallend auf dem Intervall $]-\infty;-2]$, dann streng monoton steigend auf dem Intervall $[-2;0]$, dann wieder streng monoton fallend auf dem Intervall $[0;2]$ und schließlich streng monoton steigend auf dem Intervall $[2;+\infty[$.

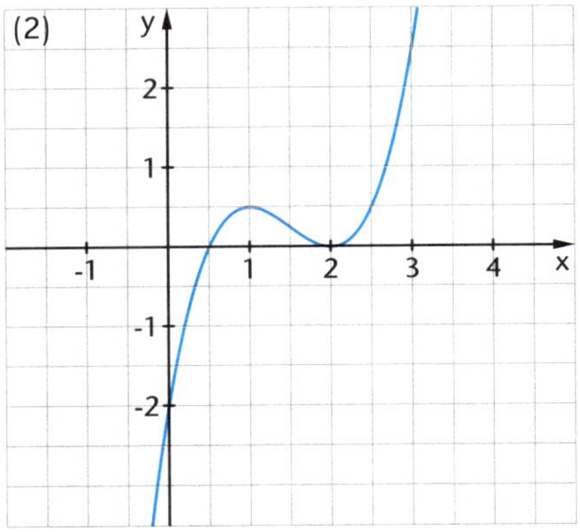

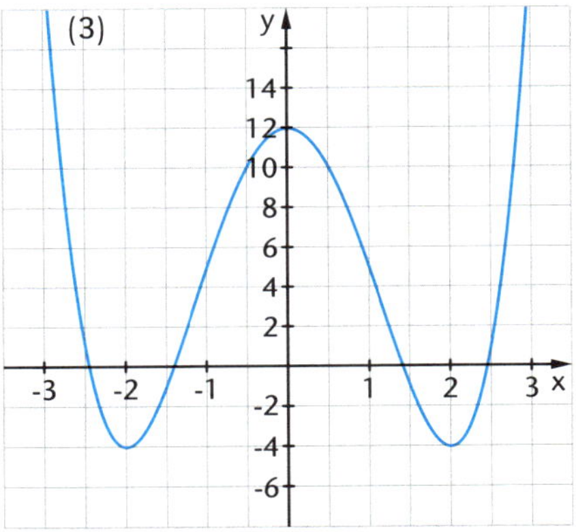

(4) Der Graph einer Exponentialfunktion f mit $f(x) = a \cdot b^x$ ist streng monoton steigend auf ℝ, wenn $a > 0$ und $b > 1$ ist, und streng monoton fallend, wenn $a > 0$ und $0 < b < 1$ ist.

(5) Der Graph der Sinusfunktion f mit $f(x) = \sin(x)$ ist streng monoton steigend auf dem Intervall $\left[-\frac{1}{2}\pi;\frac{1}{2}\pi\right]$ und streng monoton fallend auf dem Intervall $\left[\frac{1}{2}\pi;\frac{3}{2}\pi\right]$.

C6 Definieren, was ein Hochpunkt [Tiefpunkt] eines Graphen ist.

Der Punkt $H(a|f(a))$ ist **Hochpunkt** des Graphen einer Funktion f, wenn es ein offenes Intervall I um a gibt, sodass für alle $x \in I$, $x \neq a$, gilt: $f(x) < f(a)$.

Der Punkt $T(a|f(a))$ ist **Tiefpunkt** des Graphen einer Funktion f, wenn es ein offenes Intervall I um a gibt, sodass für alle $x \in I$, $x \neq a$, gilt: $f(x) > f(a)$.

Der Nachweis der Eigenschaft gemäß Definition ist schon bei ganzrationalen Funktionen 3. Grades sehr aufwändig; durch die Differenzialrechnung wird ein leicht handhabbares Kriterium zur Verfügung gestellt, siehe G4.

- Da Graphen von Exponentialfunktionen entweder streng monoton steigend auf ℝ oder streng monoton fallend auf ℝ sind, haben sie weder einen Hochpunkt noch einen Tiefpunkt.
- Der Graph der Sinusfunktion f mit $f(x) = \sin(x)$ hat an der Stelle $x = \frac{\pi}{2}$ den Hochpunkt $H\left(\frac{\pi}{2}|1\right)$ und an der Stelle $x = -\frac{\pi}{2}$ den Tiefpunkt $T\left(-\frac{\pi}{2}|-1\right)$.

C7 Zwischen einem lokalen und absoluten Maximum [Minimum] eines Graphen unterscheiden.

An der Stelle $x = a$ liegt genau dann ein **lokales Maximum** einer Funktion f vor, wenn der Punkt $H(a|f(a))$ ein Hochpunkt des Graphen ist. Gilt außerdem: $f(x) < f(a)$ für alle $x \in D_f$ (also nicht nur für eine Umgebung um die Stelle $x = a$), dann ist diese Stelle auch **absolutes Maximum** der Funktion.

An der Stelle $x = a$ liegt genau dann ein **lokales Minimum** einer Funktion f vor, wenn der Punkt $T(a|f(a))$ ein Tiefpunkt des Graphen ist. Gilt außerdem: $f(x) > f(a)$ für alle $x \in D_f$ (also nicht nur für eine Umgebung um die Stelle $x = a$), dann ist diese Stelle auch **absolutes Minimum** der Funktion.

Wenn der Graph einer Funktion in einem **Anwendungszusammenhang** betrachtet wird, ist oft der Definitionsbereich eingeschränkt; dann kann es vorkommen, dass absolute Minima bzw. Maxima **an den Rändern der eingeschränkten Definitionsmenge** auftreten, obwohl der Graph auf der uneingeschränkten Definitionsmenge solche absoluten Extrema nicht besitzt.

Zum Nachweis muss u. a. das Monotonieverhalten des Graphen auf der gesamten Definitionsmenge untersucht werden, siehe G1.

Beispiele

- Der Graph der Funktion f mit $f(x) = x^3 - 4{,}5x^2 + 6x - 2$ (siehe C5, Beispiel (2)) hat den Hochpunkt $H(1|0{,}5)$ und den Tiefpunkt $T(2|0)$, aber es existiert weder ein absolutes Minimum noch ein absolutes Maximum.
- Der Graph der Funktion f mit $f(x) = x^4 - 8x^2 + 12$ (siehe C5, Beispiel (3)) hat die Tiefpunkte $T_1(-2|-4)$ und $T_2(2|-4)$ sowie den Hochpunkt $H(0|12)$; an den Stellen der Tiefpunkte (also bei $x = -2$ bzw. bei $x = 2$) liegen auch absolute Minima vor, der Graph besitzt aber kein absolutes Maximum.
- Kann ein Vorgang auf dem Intervall $[0;2]$ mithilfe der ganzrationalen Funktion f mit $f(x) = x^3 - 3x^2 + 4$ modelliert werden, dann besitzt f auf dieser Definitionsmenge sowohl ein absolutes Maximum wie auch ein absolutes Minimum (bei der Funktion f mit uneingeschränkter Definitionsmenge wären dies beides nur lokale Extrema).

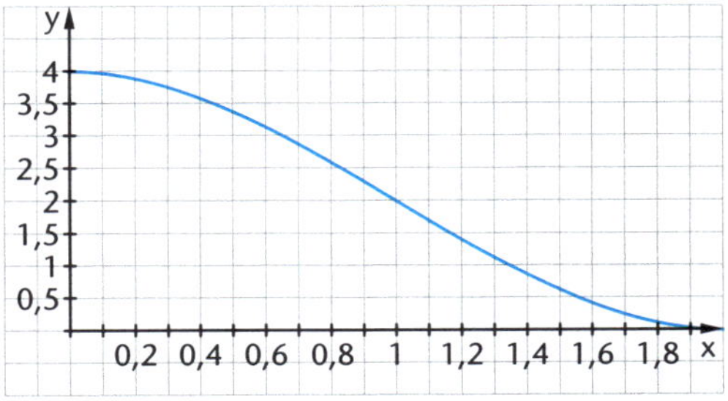

D1 Die Lösung von kubischen Gleichungen bestimmen, die in Produktform gegeben sind oder die sich leicht in Produktform schreiben lassen.

Kubische Gleichungen sind Gleichungen der Form $x^3 + a x^2 + b x + c = 0$ mit $a, b, c \in \mathbb{R}$; diese haben mindestens eine Lösung und höchstens drei Lösungen.

(1) Hat eine kubische Gleichung die drei Lösungen x_1, x_2 und x_3, dann kann man den links stehenden Term als Produkt von drei Linearfaktoren darstellen:
$(x - x_1) \cdot (x - x_2) \cdot (x - x_3) = 0$.

(2) Hat eine kubische Gleichung zwei Lösungen x_1 und x_2, dann muss einer der Linearfaktoren doppelt vorkommen:
$(x - x_1)^2 \cdot (x - x_2) = 0$ oder $(x - x_1) \cdot (x - x_2)^2 = 0$.

(3) Hat eine kubische Gleichung nur *eine* Lösung x_1, dann kann man den links stehenden Term als Produkt des Linearfaktors $(x - x_1)$ mit einem quadratischen Term darstellen, der sich nicht zerlegen lässt (d. h. die zugehörigen quadratische Gleichung hat keine Lösung, siehe A10), also in der Form $(x - x_1) \cdot (x^2 + e x + f) = 0$,
oder der Term lässt sich schreiben als $(x - x_1)^3 = 0$.

Besonders leicht lässt sich der Term $x^3 + a x^2 + b x + c$ in Produktform schreiben, wenn

(4) ... $c = 0$ ist, denn dann kann man x ausklammern:
$x^3 + a x^2 + b x = 0 \Leftrightarrow x \cdot (x^2 + a x + b) = 0 \Leftrightarrow x = 0 \vee x^2 + a x + b = 0$

(5) ... $b = c = 0$ ist, denn dann kann man sogar x^2 ausklammern:
$x^3 + a x^2 = 0 \Leftrightarrow x^2 \cdot (x + a) = 0 \Leftrightarrow x = 0 \vee x = -a$

Beispiele

(1) Weiß man von einer kubischen Gleichung, dass sie die Lösungen $x_1 = -3$, $x_2 = -1$, $x_3 = 2$ hat, dann kann man sie auch in der Form $(x + 3) \cdot (x + 1) \cdot (x - 2) = 0$, also $x^3 + 2x^2 - 5x - 6 = 0$, schreiben.

(2) Weiß man von einer kubischen Gleichung, dass sie *nur* die Lösungen $x_1 = -2$ und $x_2 = 3$ hat, dann ist dies entweder die Gleichung $(x + 2)^2 \cdot (x - 3) = 0$ (also: $x^3 + x^2 - 8x - 12 = 0$) oder die Gleichung $(x + 2) \cdot (x - 3)^2 = 0$ (also: $x^3 - 4x^2 - 3x + 18 = 0$).

(3) Die kubische Gleichung $(x - 2) \cdot (x^2 + 4x + 5) = 0$ hat nur die Lösung $x_1 = 2$, denn der quadratische Faktor $x^2 + 4x + 5 = 0$ hat keine Lösung.

Die kubische Gleichung $x^3 - 6x^2 + 12x - 8 = 0$ hat nur die eine Lösung $x_1 = 2$, denn $x^3 - 6x^2 + 12x - 8 = (x - 2)^3$.

(4) Die Gleichung $x^3 + 6x^2 + 8x = 0$ wird gelöst, indem man den gemeinsamen Faktor x ausklammert und dann die quadratische Gleichung $x^2 + 6x + 8 = 0$ löst:
$x^3 + 6x^2 + 8x = 0 \Leftrightarrow x \cdot (x^2 + 6x + 8) = 0 \Leftrightarrow x = 0 \vee x^2 + 6x + 8 = 0 \Leftrightarrow \ldots$
$\Leftrightarrow x = 0 \vee x = -2 \vee x = -4$.
Der Term $x^3 + 6x^2 + 8x$ kann daher auch als Produkt der Linearfaktoren geschrieben werden: $x^3 + 6x^2 + 8x = x \cdot (x + 2) \cdot (x + 4)$.

(5) Die Gleichung $x^3 + 7x^2 = 0$ hat die Lösungen $x_1 = 0$ und $x_2 = -7$, denn:
$x^3 + 7x^2 = x^2 \cdot (x + 7)$.

D2 Die Lösung von biquadratischen Gleichungen bestimmen.

Eine Gleichung heißt **biquadratisch**, wenn in ihr nur Potenzen zweiten und vierten Grades von x vorkommen (biquadratisch = 4); das sind also Gleichungen der Form $a x^4 + b x^2 + c = 0$.

Ersetzt man x^2 durch die Variable z, dann liegt eine quadratische Gleichung vor: $a z^2 + b z + c = 0$. Diese Gleichung mit der Variablen z kann man lösen (siehe A10); dann muss geprüft werden, welche x-Werte die Gleichung $z = x^2$ erfüllen.

Beispiele

- $x^4 - 6x^2 + 5 = 0 \wedge x^2 = z \Rightarrow z^2 - 6z + 5 = 0 \Leftrightarrow \dots \Leftrightarrow z = 1 \vee z = 5$;
  $x^2 = 1 \Leftrightarrow x = 1 \vee x = -1$; $x^2 = 5 \Leftrightarrow x = \sqrt{5} \vee x = -\sqrt{5}$
  also: $x^4 - 6x^2 + 5 = 0 \Leftrightarrow x = 1 \vee x = -1 \vee x = \sqrt{5} \vee x = -\sqrt{5}$
- $x^4 + 4x^2 - 5 = 0 \wedge x^2 = z \Rightarrow z^2 + 4z - 5 = 0 \Leftrightarrow \dots \Leftrightarrow z = 1 \vee z = -5$;
  $x^2 = 1 \Leftrightarrow x = 1 \vee x = -1$; $x^2 = -5$ hat keine Lösung, denn das Quadrat einer Zahl kann nicht negativ sein.
  Also: $x^4 + 4x^2 - 5 = 0 \Leftrightarrow x = 1 \vee x = -1$
- $x^4 + 5x^2 + 6 = 0 \wedge x^2 = z \Rightarrow z^2 + 5z + 6 = 0 \Leftrightarrow \dots \Leftrightarrow z = -2 \vee z = -3$. Weder die Gleichung $x^2 = -2$ noch die Gleichung $x^2 = -3$ hat eine Lösung; daher hat die Gleichung $x^4 + 5x^2 + 6 = 0$ ebenfalls keine Lösung.

D3 Nullstellen von einfachen ganzrationalen Funktionen bestimmen.

(1) Als **Nullstelle** einer Funktion f bezeichnet man denjenigen x-Wert, für den $f(x) = 0$ gilt.
Die Nullstelle einer ganzrationalen Funktion 3. oder 4. Grades f mit
$f(x) = a x^3 + b x^2 + c x + d$ mit $a, b, c, d \in \mathbb{R}$, $a \neq 0$, bzw.
$f(x) = a x^4 + b x^3 + c x^2 + d x + e$ mit $a, b, c, d, e \in \mathbb{R}$, $a \neq 0$,
zu bestimmen, bedeutet,
die kubische Gleichung in allgemeiner Form $a x^3 + b x^2 + c x + d = 0$ bzw.
die Gleichung 4. Grades $a x^4 + b x^3 + c x^2 + d x + e = 0$ zu lösen (siehe D1 und D2).
Da eine Beschränkung auf einfache Typen erfolgen soll, sind wesentliche Voraussetzungen zur Nullstellenbestimmung durch D1 und D2 gegeben.

(2) Zusätzlich kommen noch einfache Funktionen 4. Grades infrage, bei denen die Koeffizienten $d = 0$ und $e = 0$ sind, was bedeutet, dass aus dem Funktionsterm x^2 ausgeklammert werden kann, oder, dass $c = d = e = 0$, sodass sogar x^3 ausgeklammert werden kann. Analog zu den Ausführungen von D1 ist dann nur noch eine quadratische oder lineare Gleichung zu lösen.

(3) Während die Graphen von ganzrationalen Funktionen 3. Grades mindestens eine Nullstelle, aber höchstens drei Nullstellen haben, müssen ganzrationale Funktionen 4. Grades nicht unbedingt eine Nullstelle haben, maximal sind jedoch vier Nullstellen möglich.

Beispiele

- $f(x) = x^4 + 2x^3 - 3x^2 = x^2 \cdot (x^2 + 2x - 3)$;
  $f(x) = 0 \Leftrightarrow x = 0 \vee x^2 + 2x - 3 = 0 \Leftrightarrow \ldots \Leftrightarrow x = 0 \vee x = -3 \vee x = 1$.
  Der Funktionsterm lässt sich daher auch in Linearfaktorzerlegung darstellen:
  $f(x) = x^2 \cdot (x + 3) \cdot (x - 1)$.
  Da der Linearfaktor x (den man aufwändig auch als $(x - 0)$ schreiben könnte) doppelt auftritt, spricht man auch von einer doppelten Nullstelle bei $x = 0$.
- $f(x) = x^4 - 4x^3 = x^3 \cdot (x - 4)$; $f(x) = 0 \Leftrightarrow x = 0 \vee x = 4$.
  Da der Linearfaktor x dreifach auftritt, spricht man auch von einer dreifachen Nullstelle bei $x = 0$.

D4 Funktionsterme von einfachen ganzrationalen Funktionen 3. Grades bestimmen.

Wenn eine ganzrationale Funktion 3. Grades f mit $f(x) = ax^3 + bx^2 + cx + d$ mit $a, b, c, d \in \mathbb{R}$, $a \neq 0$, drei Nullstellen x_1, x_2, x_3 hat (ggf. auch als doppelte Nullstelle), dann kann man den Funktionsterm in **Linearfaktordarstellung** notieren; aus dem Schnittpunkt $(0|d)$ des Graphen mit der y-Achse kann man den Wert des Streckungsfaktors a erschließen.

Beispiele

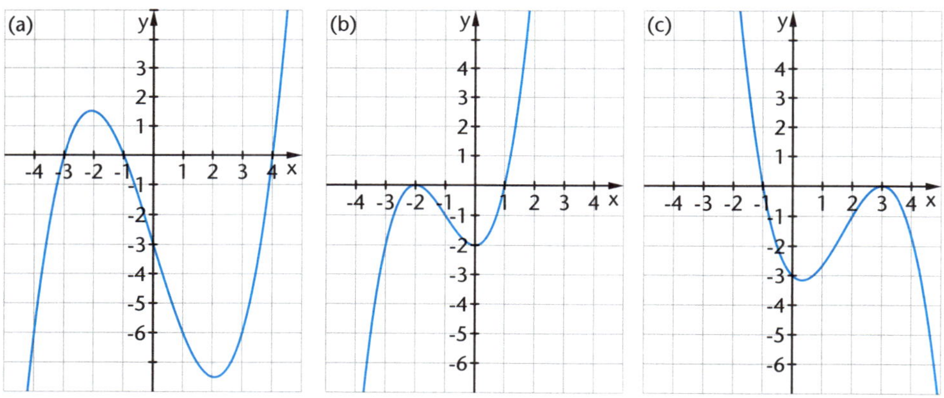

(a) Ablesbar sind die Nullstellen $x_1 = -3$, $x_2 = -1$ und $x_3 = 4$; hieraus ergibt sich der Funktionsterm $f(x) = a \cdot (x + 3) \cdot (x + 1) \cdot (x - 4) = a \cdot (x^3 - 13x - 12)$.

Da $f(0) = -3$ ist, muss $a = \frac{1}{4}$ sein.

Der explizite Funktionsterm lautet also: $f(x) = \frac{1}{4}x^3 - \frac{13}{4}x - 3$.

(b) Ablesbar sind die Nullstellen $x_1 = -2$ (doppelt) und $x_2 = 1$; hieraus ergibt sich der Funktionsterm $f(x) = a \cdot (x + 2)^2 \cdot (x - 1) = a \cdot (x^3 + 3x^2 - 4)$.

Da $f(0) = -2$ ist, muss $a = \frac{1}{2}$ sein.

Der explizite Funktionsterm lautet also: $f(x) = \frac{1}{2}x^3 + \frac{3}{2}x^2 - 2$.

(c) Ablesbar sind die Nullstellen $x_1 = -1$ und $x_2 = 3$ (doppelt); hieraus ergibt sich der Funktionsterm $f(x) = a \cdot (x + 1) \cdot (x - 3)^2 = a \cdot (x^3 - 5x^2 + 3x + 9)$.

Da $f(0) = -3$ ist, muss $a = -\frac{1}{3}$ sein.

Der explizite Funktionsterm lautet also: $f(x) = -\frac{1}{3}x^3 + \frac{5}{3}x^2 - x - 3$.

D5 Schnittpunkte der Graphen von einfachen ganzrationalen Funktionen bestimmen.

Das Bestimmen der **Schnittpunkte** von zwei Funktionsgraphen ganzrationaler Funktionen f und g lässt sich immer auf das Lösen einer Gleichung zurückführen, denn die Gleichung $f(x) = g(x)$ hat dieselben Lösungen wie die Gleichung $f(x) - g(x) = 0$.
Mit anderen Worten: Schnittstellen der Graphen der Funktionen f und g zu bestimmen bedeutet, die Nullstellen der **Differenzfunktion** $D = f - g$ zu bestimmen. Hat man die Nullstellen der Differenzfunktion, dann setzt man diese Werte in den Funktionsterm $f(x)$ oder $g(x)$ ein, um die y-Koordinate zu bestimmen.

Sonderfall: Eine Nullstelle der Differenzfunktion kann auch mehrfache Nullstelle dieser Funktion sein; für die Graphen der Funktionen f und g bedeutet dies, dass sie sich in dem gemeinsamen Punkt **berühren**.

Beispiele

- Um die Schnittstellen der Graphen von

  $f_1(x) = x^3 - 2x^2 - 5x + 6$ und $f_2(x) = 3x + 6$

  zu bestimmen, betrachtet man die Differenzfunktion f_3 mit

  $f_3(x) = (x^3 - 2x^2 - 5x + 6) - (3x + 6) = x^3 - 2x^2 - 8x = x \cdot (x^2 - 2x - 8)$.

  Um die Nullstellen von f_3 zu bestimmen, klammert man x aus und löst dann noch eine quadratische Gleichung:

  $x^3 - 2x^2 - 8x = 0 \Leftrightarrow x = 0 \vee x^2 - 2x - 8 = 0 \Leftrightarrow \ldots \Leftrightarrow x = 0 \vee x = -2 \vee x = 4$.

  Die Differenzfunktion f_3 hat also drei Nullstellen, d. h., es liegen drei Schnittstellen der Graphen von f_1 und f_2 vor. Die y-Koordinaten der drei Schnittpunkte sind:

  $f_1(0) = f_2(0) = 6$, $f_1(-2) = f_2(-2) = 0$, $f_1(4) = f_2(4) = 18$.

  Damit erhalten wir die drei Schnittpunkte $S_1(-2|0)$, $S_2(0|6)$ und $S_3(4|18)$.

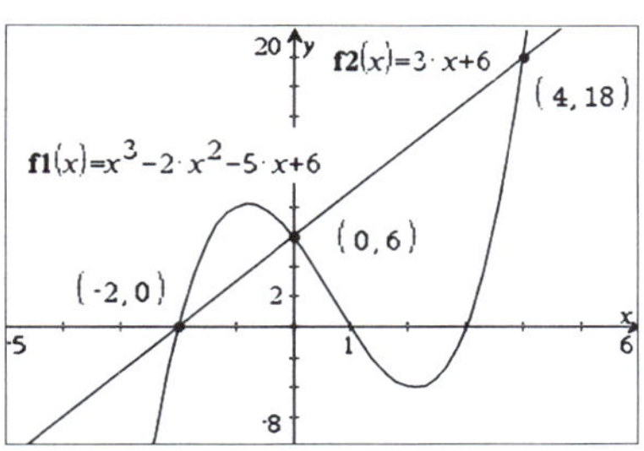

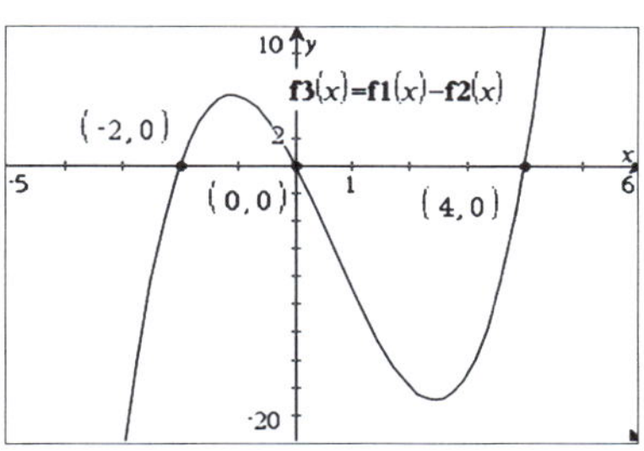

- Um die Schnittstellen der Graphen von $f_1(x) = x^3 + 2x^2 - 5x - 6$ und $f_2(x) = -x^2 - x - 6$ zu bestimmen, betrachtet man die Differenzfunktion f_3 mit

  $f_3(x) = (x^3 + 2x^2 - 5x - 6) - (-x^2 - x - 6) = x^3 + 3x^2 - 4x = x \cdot (x^2 + 3x - 4)$.

  Um die Nullstellen von f_3 zu bestimmen, klammert man x aus und löst dann noch eine quadratische Gleichung:

  $x^3 + 3x^2 - 4x = 0 \Leftrightarrow x = 0 \vee x^2 + 3x - 4 = 0 \Leftrightarrow \ldots \Leftrightarrow x = 0 \vee x = -4 \vee x = 1$.

  Die Differenzfunktion f_3 hat also drei Nullstellen, d. h., es liegen drei Schnittstellen der Graphen von f_1 und f_2 vor. Die y-Koordinaten der drei Schnittpunkte sind: $f_1(0) = f_2(0) = -6$; $f_1(-4) = f_2(-4) = -18$; $f_1(1) = f_2(1) = -8$.

  Damit erhalten wir die drei Schnittpunkte $S_1(-4|-18)$, $S_2(0|-6)$ und $S_3(1|-8)$.

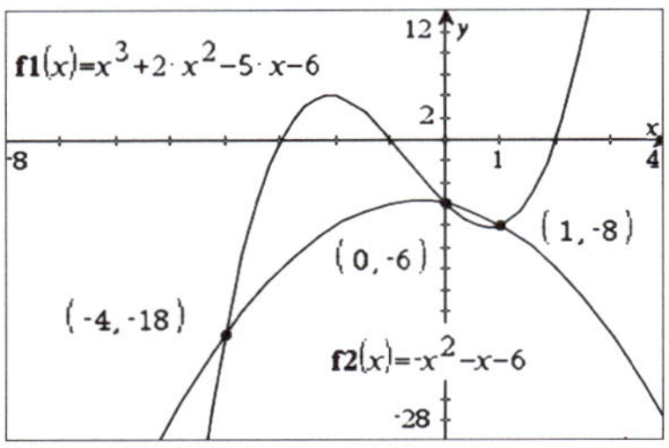

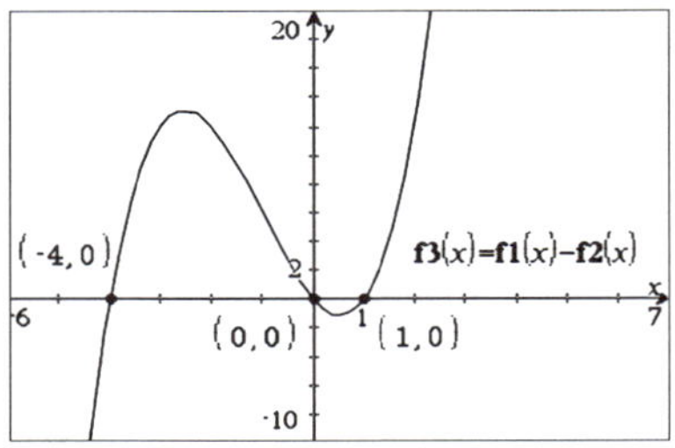

- Um die Schnittstellen der Graphen von $f_1(x) = x^3 - 3x^2 + x + 1$ und $f_2(x) = x^2 - 3x + 1$ zu bestimmen, betrachtet man die Differenzfunktion f_3 mit

  $f_3(x) = (x^3 - 3x^2 + x + 1) - (x^2 - 3x + 1) = x^3 - 4x^2 + 4x = x \cdot (x^2 - 4x + 4) = x \cdot (x - 2)^2$.

  Die Nullstellen von f_3 sind $x = 0$ bzw. $x = 2$ (doppelt).

  Die Differenzfunktion f_3 hat also zwei Nullstellen, von denen eine doppelte Nullstelle ist.

  Die Graphen von f_1 und f_2 haben daher zwei Schnittpunkte; einer der beiden Schnittpunkte ist ein Berührpunkt.

  Die beiden Punkte sind $S(0|1)$ und $B(2|-1)$.

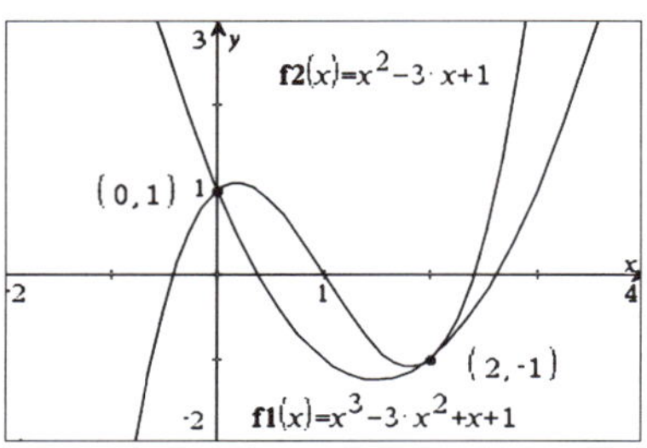

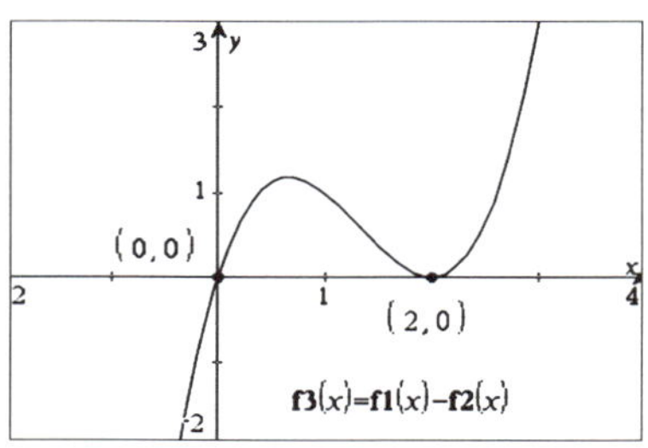

D6 Bei exponentiellen Wachstumsprozessen die Verdopplungszeit bzw. Halbwertszeit berechnen und umgekehrt aus Verdopplungszeit bzw. Halbwertszeit den Funktionsterm bestimmen

(1) Bei **Wachstumsprozessen mit exponentieller Zunahme** interessiert die Länge des Zeitintervalls, in der sich ein Bestand verdoppelt.
Lässt sich der Prozess mithilfe der Exponentialfunktion f mit $f(t) = a \cdot b^t$ modellieren, dann ist es am einfachsten, zunächst den Bestand $a = f(0)$ zum Zeitpunkt $t = 0$ zu betrachten und dann den Zeitpunkt t_D zu bestimmen, für den gilt:
$f(t_D) = 2 \cdot f(0) = 2a$.

Um die **Verdopplungszeit** t_D zu bestimmen, muss die Gleichung $a \cdot b^t = 2a$, also $b^t = 2$ gelöst werden.
Die Lösung dieser Exponentialgleichung ist der *Logarithmus von 2 zur Basis b*:
$t_D = \log_b(2)$.

(2) Bei **Wachstumsprozessen mit exponentieller Abnahme** interessiert die Länge des Zeitintervalls, in der sich ein Bestand halbiert.
Lässt sich der Prozess mithilfe der Exponentialfunktion f mit $f(t) = a \cdot b^t$ modellieren, dann ist es am einfachsten, zunächst den Bestand $a = f(0)$ zum Zeitpunkt $t = 0$ zu betrachten und dann den Zeitpunkt t_H zu bestimmen, für den gilt:
$f(t_H) = \frac{1}{2} \cdot f(0) = \frac{1}{2}a$.

Um die **Halbwertszeit** t_H zu bestimmen, muss die Gleichung $a \cdot b^t = \frac{1}{2}a$, also $b^t = \frac{1}{2}$ gelöst werden.

Die Lösung dieser Exponentialgleichung ist der *Logarithmus von $\frac{1}{2}$ zur Basis b*:

$t_H = \log_b\left(\frac{1}{2}\right)$.

(3) Aus der Angabe der Verdopplungszeit t_D bzw. der Halbwertszeit t_H ergibt sich der Wert der Basis durch Wurzelziehen:

$b^{t_D} = 2 \Leftrightarrow b = \sqrt[t_D]{2}$ bzw. $b^{t_H} = \frac{1}{2} \Leftrightarrow b = \sqrt[t_H]{\frac{1}{2}}$.

Beispiele

(1) Zu Beginn des Jahres 2000 hatte Indien etwa 1 Milliarde Einwohner. Es wird angenommen, dass das jährliche Bevölkerungswachstum 1,4 % beträgt. In welchem Zeitraum verdoppelt sich die Bevölkerungszahl (sofern die Wachstumsrate gleich bleibt)?

Aus der Wachstumsrate von 1,4 % ergibt sich als Wert für die Basis b des Wachstumsprozesses:

$b = 1 + \frac{1,4}{100} = 1,014$.

$\log_{1.014}(2)$ 49.8563

Die Verdopplungszeit beträgt knapp 50 Jahre.

(2) Wann ist ein Auto mit 30 000 € Neuwert bei einem jährlichen Wertverlust von 20 % nur noch die Hälfte wert?

Aus der Abnahmerate von 20 % ergibt als Wert für die Basis b des Abnahmeprozesses:

$b = 1 - \frac{20}{100} = 0,80$.

$\log_{0.8}(0.5)$ 3.10628

Die Halbwertszeit beträgt daher ca. 3,1 Jahre.

(3) In einer Werbung für eine Kapitalanlage wird behauptet, dass ein Startkapital von 40 000 € in 12 Jahren auf das Doppelte anwächst.
Bestimmen Sie eine Exponentialfunktion, mit der dieser Vorgang modelliert werden kann.

Aus der Verdopplungszeit von 12 Jahren ergibt sich die Bedingung $b^{12} = 2$.

Daher ist $b = \sqrt[12]{2} \approx 1{,}0595$.

Die prozentuale jährliche Wachstumsrate beträgt ca. 5,95 %.

Der Vorgang lässt sich daher mithilfe der Funktion f mit $f(t) = 40\,000 \cdot 1{,}0595^t$ modellieren.

Caesium 137 hat eine Halbwertszeit von 30 Jahren. Zu Beginn sind 5 mg des Stoffes vorhanden. Bestimmen Sie eine Exponentialfunktion, mit der dieser Vorgang modelliert werden kann.

Aus der Halbwertszeit von 30 Jahren ergibt sich die Bedingung $b^{30} = \frac{1}{2}$.

Daher ist $b = \sqrt[30]{\frac{1}{2}} \approx 0{,}977$.

Die prozentuale jährliche Abnahmerate beträgt ca. 2,3 %.

Der Vorgang lässt sich daher mithilfe der Funktion f mit $f(t) = 5 \cdot 0{,}977^t$ modellieren.

E1 Beschreiben, welche Auswirkung die Vervielfachung eines Funktionsterms mit einem Faktor k auf den Graphen der Funktion hat.

Die **Vervielfachung** eines Funktionsterms mit dem Faktor k bewirkt eine **Streckung** des Graphen in Richtung der y-Achse (wobei das Wort „Streckung" in der Alltagssprache mit einer Vergrößerung verbunden ist, im mathematischen Sinne auch eine „Stauchung" bedeuten kann). Dabei sind sechs besondere Fälle zu unterscheiden:

$k > 1$: Der Graph wird (im Wortsinne) gestreckt, d. h., die y-Werte aller Punkte werden vervielfacht, d. h. die Abstände der Punkte zur x-Achse werden ver-k-facht (also, da $k > 1$: vergrößert).

$k = 1$: Der Graph wird auf sich selbst abgebildet.

$0 < k < 1$: Der Graph wird gestaucht, d. h., die Abstände der Punkte zur x-Achse werden ver-k-facht (also, da $0 < k < 1$: verkleinert).

$-1 < k < 0$: Der Graph wird an der x-Achse gespiegelt und mit dem Faktor $|k|$ gestaucht.

$k = -1$: Der Graph wird (nur) an der x-Achse gespiegelt.

$k < -1$: Der Graph wird an der x-Achse gespiegelt und mit dem Faktor $|k| > 1$ gestreckt.

Beispiele

- Ausgehend vom Graphen der Funktion f mit $f(x) = x^3 + 2x^2 - 5x - 6$ erhält man die übrigen Graphen durch Streckung in Richtung der y-Achse mit den Faktoren $k_1 = 1{,}5$; $k_2 = 0{,}5$; $k_3 = -0{,}3$; $k_4 = -1$ bzw. $k_5 = -2$.

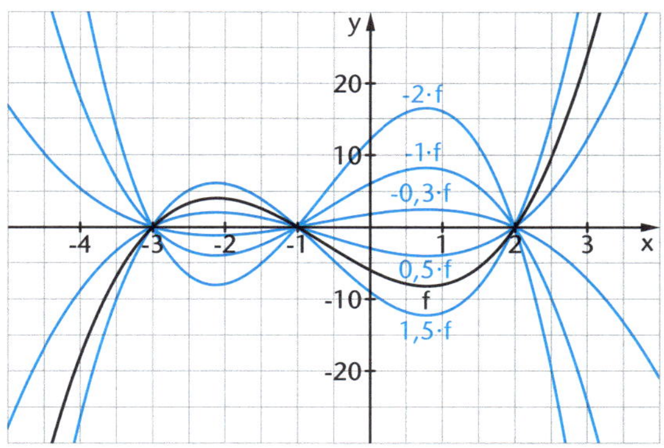

- Ausgehend vom Graphen der Sinusfunktion f mit $f(x) = \sin(x)$ erhält man die übrigen Graphen durch Streckung in Richtung der y-Achse mit den Faktoren $k_1 = 0{,}5$; $k_2 = 2$; $k_3 = -1$; $k_4 = -1{,}5$.

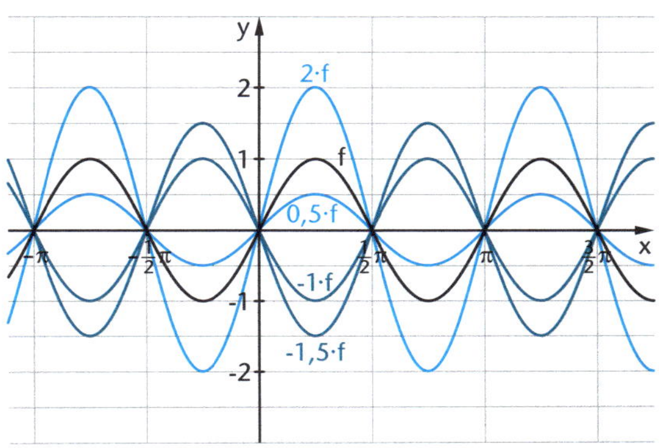

E2 Den Funktionsterm zu einem Graphen angeben, der aus dem Graphen einer angegebenen Funktion durch Verschieben in Richtung der y-Achse entsteht.

Addiert man eine Zahl b zu einem Funktionsterm, dann **verschiebt** sich der Graph in Richtung der y-Achse. Falls $b > 0$, ist dies eine Verschiebung nach oben, falls $b < 0$, eine Verschiebung nach unten.

Beispiele

- Ausgehend vom Graphen der Funktion f mit $f(x) = x^4 - 6x^2$ erhält man durch Addition von +3 zum Funktionsterm den um 3 Einheiten nach oben verschobenen Graphen der Funktion f_1 mit $f_1(x) = x^4 - 6x^2 + 3$ und durch Addition von −5 zum Funktionsterm den um 5 Einheiten nach unten verschobenen Graphen der Funktion f_2 mit $f_2(x) = x^4 - 6x^2 - 5$.

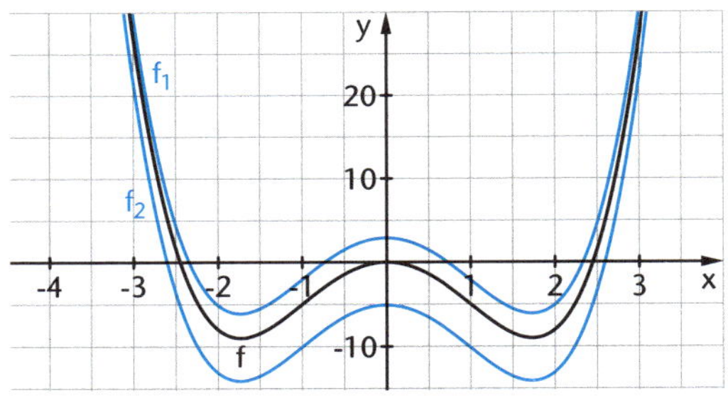

- Ausgehend vom Graphen der Sinusfunktion f mit $f(x) = \sin(x)$ erhält man durch Addition von +1 den um 1 Einheit nach oben verschobenen Graphen der Funktion f_1 mit $f_1(x) = \sin(x) + 1$ und durch Addition von −0,5 zum Funktionsterm den um ½ Einheiten nach unten verschobenen Graphen der Funktion f_2 mit $f_2(x) = \sin(x) - 0{,}5$.

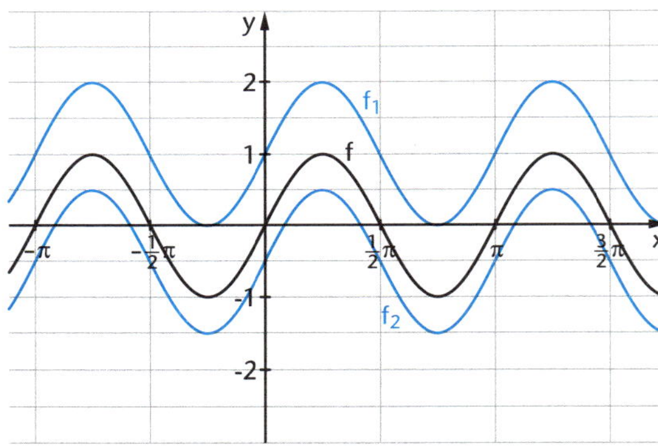

E3 Den Funktionsterm zu einem Graphen angeben, der aus dem Graphen einer angegebenen Funktion durch Verschieben in Richtung der x-Achse entsteht.

Ersetzt man im Funktionsterm f(x) einer gegebenen Funktion f die Funktionsvariable x durch (x − c), dann verschiebt sich der Graph um c Einheiten, d. h. für $c > 0$ nach rechts und für $c < 0$ nach links.

Besonderheiten bei ganzrationalen Funktionen
Zur Bestimmung des expliziten Funktionsterms benötigt man bei ganzrationalen Funktionen die binomischen Formeln:

$(x - a)^2 = x^2 - 2ax + a^2$; $(x - a)^3 = x^3 - 3ax^2 + 3a^2x - a^3$;
$(x - a)^4 = x^4 - 4ax^3 + 6a^2x^2 - 4a^3x + a^4$ usw.

Besonderheiten bei Exponentialfunktionen
Verschiebt man den Graphen einer Exponentialfunktion f mit $f(x) = a \cdot b^x$ um c Einheiten in Richtung der x-Achse, dann erhält man wieder eine Exponentialfunktion; diese hat dieselbe Basis, aber einen einen anderen Anfangswert:
$f_1(x) = a \cdot b^{x-c} = a \cdot b^x \cdot b^{-c} = (a \cdot b^{-c}) \cdot b^x = a_1 \cdot b^x$ mit $a_1 = a \cdot b^{-c}$.

Besonderheiten bei Sinusfunktionen
Verschiebt man den Graphen der Sinusfunktion f mit $f(x) = \sin(x)$ um Vielfache von 2π, dann erhält man wieder denselben Graphen, da die Sinusfunktion 2π-periodisch ist:
$\sin(x + k \cdot 2\pi) = \sin(x),\ k \in \mathbb{Z}$.
Verschiebt man den Graphen der Sinusfunktion f mit $f(x) = \sin(x)$ um $-\pi/2$ (also um $\pi/2$ nach links), dann erhält man den Graphen der Kosinusfunktion: $\sin(x + \pi/2) = \cos(x)$.

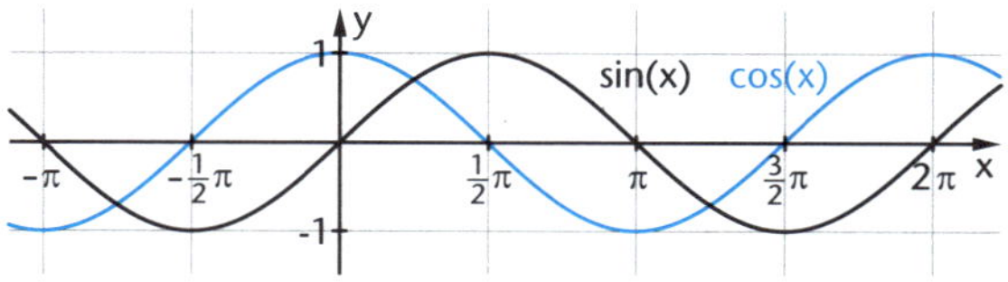

Beispiele

- Gegeben ist die lineare Funktion f mit $f(x) = \frac{1}{2}x$; der Graph ist eine Ursprungsgerade.

  Ersetzt man die Variable x durch $(x - 2)$, dann wird der Graph um 2 Einheiten nach rechts verschoben: $g(x) = f(x-2) = \frac{1}{2} \cdot (x - 2) = \frac{1}{2}x - 1$.
- Der Graph der Funktion $g(x) = (x + 3)^2 = x^2 + 6x + 9$ entsteht aus dem Graphen der Funktion f mit $f(x) = x^2$ (Normalparabel mit Scheitelpunkt im Ursprung) durch Verschieben um 3 Einheiten nach links.
- Der Graph der ganzrationalen Funktion g mit
  $$\begin{aligned} g(x) &= (x-1)^3 + 2 \cdot (x-1)^2 - 4 \cdot (x-1) + 3 \\ &= (x^3 - 3x^2 + 3x - 1) + 2 \cdot (x^2 - 2x + 1) - 4 \cdot (x - 1) + 3 \\ &= x^3 - 3x^2 + 3x - 1 + 2x^2 - 4x + 2 - 4x + 4 + 3 \\ &= x^3 - x^2 - 5x + 8 \end{aligned}$$
  entsteht aus dem Graphen der Funktion f mit $f(x) = x^3 + 2x^2 - 4x + 3$ durch Verschieben um 1 Einheit nach rechts.
- Verschiebt man den Graphen der Funktion f mit $f(x) = x^4 - 5x^2 + 4$ um 2 Einheiten nach links, dann erhält man den Graphen der Funktion g mit
  $$\begin{aligned} g(x) &= (x+2)^4 - 5 \cdot (x+2)^2 + 4 \\ &= (x^4 + 8x^3 + 24x^2 + 32x + 16) - 5 \cdot (x^2 + 4x + 4) + 4 \\ &= x^4 - 8x^3 - 19x^2 + 12x. \end{aligned}$$
- Verschiebt man den Graphen der Exponentialfunktion f mit $f(x) = 0{,}6 \cdot 1{,}5^x$ um 1 Einheit in Richtung der x-Achse, dann erhält man die Exponentialfunktion g mit

  $g(x) = 0{,}6 \cdot 1{,}5^{x-1} = 0{,}6 \cdot 1{,}5^x \cdot 1{,}5^{-1} = (0{,}6 \cdot 1{,}5^{-1}) \cdot 1{,}5^x = \left(\frac{0{,}6}{1{,}5}\right) \cdot 1{,}5^x = 0{,}4 \cdot 1{,}5^x$.

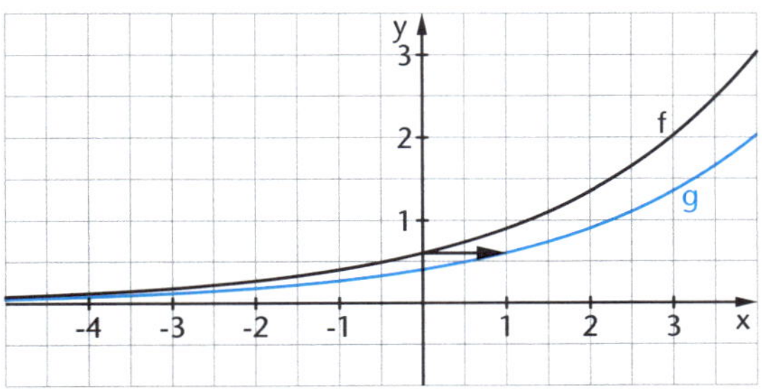

- Die Graphen in der Abbildung haben die Gleichungen

  $f(x) = \sin(x)$;

  $f_1(x) = \sin\left(x - \frac{\pi}{4}\right)$; $f_2(x) = \sin\left(x + \frac{\pi}{2}\right)$.

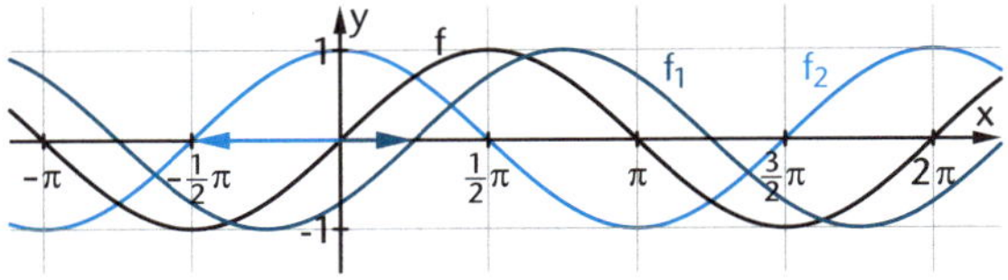

E4 Überprüfen, ob der Graph einer ganzrationalen Funktion achsensymmetrisch zur y-Achse ist.

Der Graph einer ganzrationalen Funktion f ist genau dann achsensymmetrisch zur y-Achse, wenn im Funktionsterm f(x) nur Potenzen von x mit geradem Exponenten auftreten (d. h. x^0, x^2, x^4, ...).

Insbesondere gilt: Die Graphen von ganzrationalen Funktionen 4. Grades f mit $f(x) = ax^4 + bx^3 + cx^2 + dx + e$ sind genau dann achsensymmetrisch zur y-Achse, wenn $b = d = 0$.

Beispiele

- Quadratische Parabeln mit der Funktionsgleichung $f(x) = ax^2 + c$ entstehen aus den Graphen von Normalparabeln mit Scheitelpunkt im Ursprung (Gleichung $y = x^2$) durch Streckung mit dem Faktor a (siehe E1) und durch Verschiebung um c in Richtung der y-Achse (siehe E2). Streckung und Verschiebung nach oben oder unten verändert nichts an der Achsensymmetrie.
- Die Graphen von ganzrationalen Funktionen 3. Grades können nicht achsensymmetrisch zur y-Achse sein.
- Der Graph der ganzrationalen Funktion f mit $f(x) = x^4 + 3x^2 + x + 6$ ist nicht achsensymmetrisch zur y-Achse, da im Funktionsterm ein lineares Glied auftritt.

E5 Überprüfen, ob der Graph einer ganzrationalen Funktion punktsymmetrisch zum Ursprung ist.

Der Graph einer ganzrationalen Funktion f ist genau dann punktsymmetrisch zum Ursprung, wenn im Funktionsterm f(x) nur Potenzen von x mit ungeradem Exponenten auftreten (d. h. x^1, x^3, x^5, ...).

Insbesondere gilt: Die Graphen von ganzrationalen Funktionen 3. Grades f mit $f(x) = ax^3 + bx^2 + cx + d$ sind genau dann punktsymmetrisch zum Ursprung, wenn $b = d = 0$.

Beispiele

- Unter den linearen Funktionen f mit $f(x) = ax + b$ sind nur die Geraden punktsymmetrisch zum Ursprung, die auch durch den Ursprung verlaufen (d. h., bei denen $b = 0$ ist).
- Die Graphen von ganzrationalen Funktionen 2. und 4. Grades können nicht punktsymmetrisch zum Ursprung sein.
- Der Graph der Funktion f mit $f(x) = x^3 - 3x + 1$ ist nicht punktsymmetrisch zum Ursprung, wohl aber zum Punkt (0|1).

E6 Eigenschaften einer allgemeinen Sinusfunktion beschreiben.

Der Funktionsterm einer allgemeinen Sinusfunktion f ist gegeben durch
$f(x) = a \cdot \sin(b \cdot (x - c)) + d$.

- a gibt an, mit welchem Faktor die Funktionswerte gestreckt werden (Streckungsfaktor der Streckung in Richtung der y-Achse), siehe E1.
- c gibt die Verschiebung des Graphen in Richtung der x-Achse an, siehe E3.
- d gibt die Verschiebung des Graphen in Richtung der y-Achse an, siehe E2.
- b gibt den Kehrwert des Faktors an, mit dem der Graph in Richtung der x-Achse gestreckt wird; dadurch wird die **Periodenlänge** von 2π auf $\frac{2\pi}{b}$ verkürzt oder verlängert – je nachdem, ob $b > 1$ oder $0 < b < 1$.

Beispiele für die Streckung in Richtung der x-Achse

(1) Ersetzt man die Variable x im Argument der Sinusfunktion durch 2x, dann verkürzt sich die Länge der Periode auf die Hälfte, wie man durch Vergleich der Wertetabellen feststellt:

x	$\frac{\pi}{4}$	$\frac{\pi}{2}$	$\frac{3\pi}{4}$	π	$\frac{5\pi}{4}$	$\frac{3\pi}{2}$	$\frac{7\pi}{4}$	2π
sin (x)	0,707	1	0,707	0	– 0,707	– 1	– 0,707	0
sin (2 x)	1	0	– 1	0	1	0	– 1	0

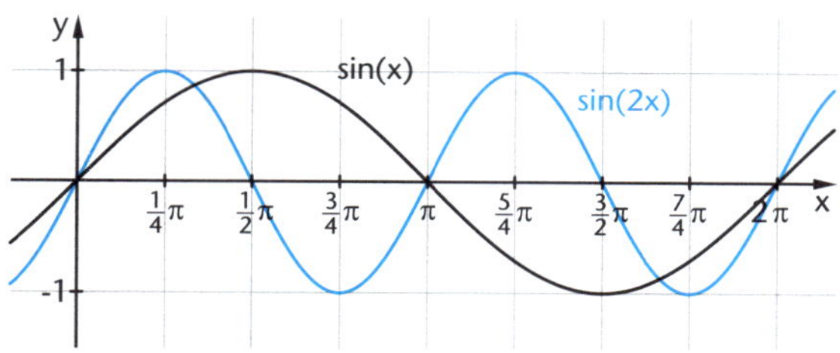

(2) Ersetzt man die Variable x im Argument der Sinusfunktion durch $\frac{x}{2}$, dann verdoppelt sich die Länge der Periode, wie man durch Vergleich der Wertetabellen feststellt:

x	$\frac{\pi}{4}$	$\frac{\pi}{2}$	$\frac{3\pi}{4}$	π	$\frac{5\pi}{4}$	$\frac{3\pi}{2}$	$\frac{7\pi}{4}$	2π	$\frac{9\pi}{4}$	$\frac{5\pi}{2}$
sin (x)	0,707	1	0,707	0	– 0,707	– 1	– 0,707	0	0,707	1
sin $\left(\frac{x}{2}\right)$	0,383	0,707	0,924	1	0,924	0,707	0,383	0	– 0,383	-0,707

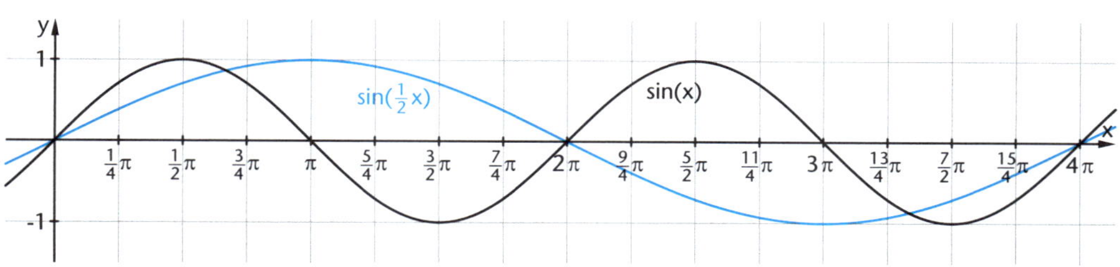

Beispiele für allgemeine Sinusfunktionen

(1) $f(x) = 0{,}5 \cdot \sin\left(x + \frac{\pi}{4}\right) - 1$

Erst Verschiebung um $\frac{\pi}{4}$ nach links, dann Streckung mit dem Faktor 0,5 in Richtung der y-Achse und schließlich Verschiebung um 1 nach unten.
Die Reihenfolge der beiden ersten Transformationen spielt keine Rolle, d. h. es kann auch zunächst die Streckung in Richtung der y-Achse und dann die Verschiebung in Richtung der x-Achse erfolgen.

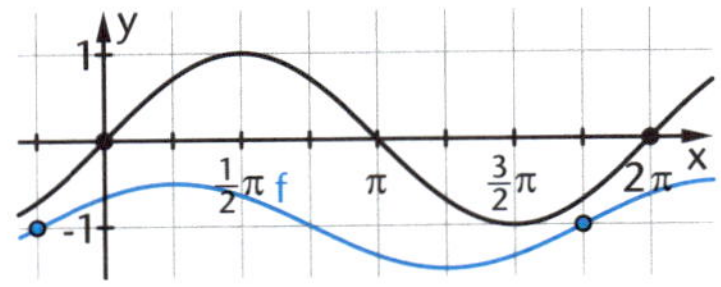

(2) $f(x) = 1{,}5 \cdot \sin(1{,}5x) + 1{,}5$

Erst Streckung mit dem Faktor $\frac{2}{3}$ in Richtung der x-Achse, dann Streckung mit dem Faktor 1,5 in Richtung der y-Achse und schließlich Verschiebung um 1,5 nach oben.
Die beiden Streckungen können in der Reihenfolge vertauscht werden.

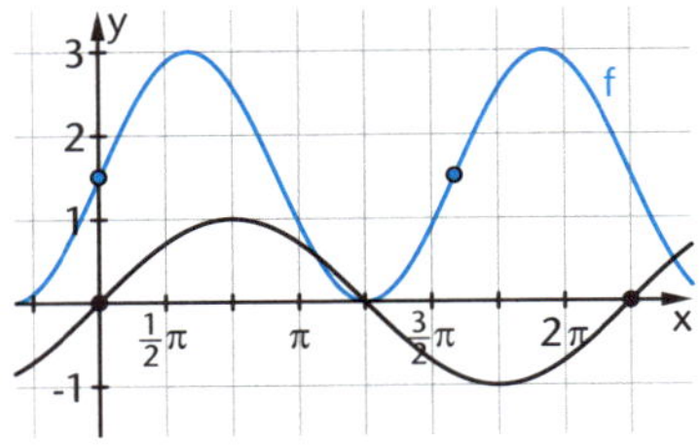

(3) $f(x) = \sin\left(\frac{3}{4} \cdot (x + \pi)\right) + 0{,}5$

Erst Streckung mit dem Faktor $\frac{4}{3}$ in Richtung der x-Achse, dann Verschiebung um π nach links und schließlich Verschiebung um 0,5 nach oben.

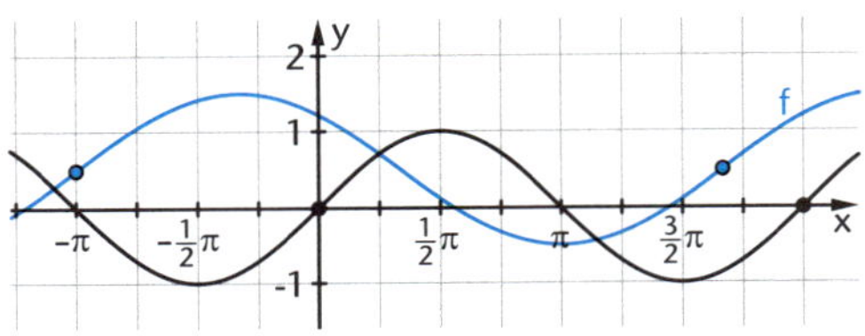

(4) $f(x) = 2 \cdot \sin\left(\frac{1}{2} \cdot \left(x - \frac{\pi}{2}\right)\right) + 1$

Erst Streckung mit dem Faktor 2 in Richtung der x-Achse, dann Verschiebung um $\frac{1}{2}\pi$ nach rechts, danach Streckung mit dem Faktor 2 in Richtung der y-Achse und schließlich Verschiebung um 1 nach oben.
Die Verschiebung in Richtung der x-Achse und die Streckung in Richtung der y-Achse können in der Reihenfolge vertauscht werden.

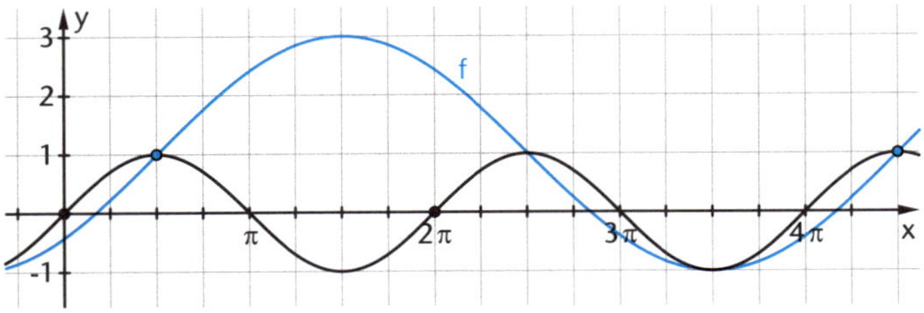

Hinweis: Die Punkte auf den Graphen deuten den Anfang und das Ende einer Periode an.

F1 Zwischen dem Differenzenquotient und dem Differenzialquotient unterscheiden und die unterschiedliche Bedeutung im Sachzusammenhang beschreiben.

Der **Differenzenquotient** gibt die Steigung der Sekante an, die durch zwei Punkte $P(a|f(a))$ und $Q(b|f(b))$ des Graphen einer Funktion f verläuft:

$$m_S = \frac{f(b) - f(a)}{b - a}.$$

Nimmt man den Punkt P als festen Bezugspunkt an, dann lassen sich die Koordinaten von Q auch beschreiben durch $Q(a + h|f(a + h))$, wobei h positiv bzw. negativ sein kann (Q liegt dann rechts bzw. links von P):

$$m_S = \frac{f(a + h) - f(a)}{h}.$$

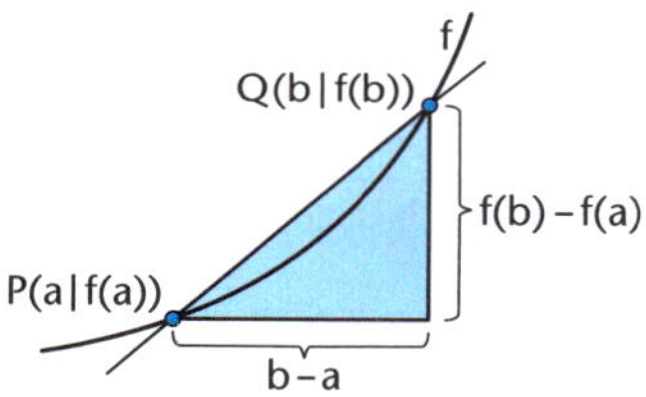

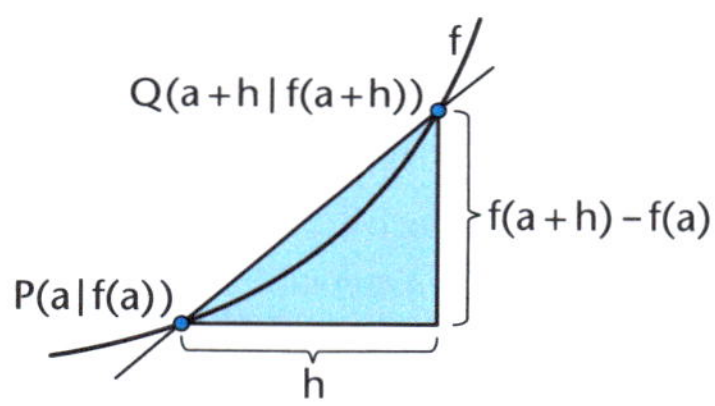

Der **Differenzialquotient** an der Stelle x = a ist der Grenzwert der Sekantensteigungen, wobei der Punkt Q auf den Punkt P zuläuft, d. h. $b \to a$ bzw. $h \to 0$, also:

$$m = f'(a) = \lim_{b \to a} \frac{f(b) - f(a)}{b - a} = \lim_{h \to 0} \frac{f(a + h) - f(a)}{h}.$$

Hierdurch wird die Steigung des Graphen der Funktion f an der Stelle a definiert; sie wird mit $f'(a)$ bezeichnet und heißt **Ableitung von f an der Stelle a**. Wenn für eine Funktion f der Differenzialquotient an einer Stelle a existiert, dann sagt man: Die Funktion f ist an der Stelle a **differenzierbar**.

In Anwendungssituationen wird durch den Differenzenquotient die **mittlere Änderungsrate** der Funktion f im Intervall $[a; b]$ beschrieben und durch den Differenzialquotienten die **momentane Änderungsrate** an der Stelle a.

Beispiel

Ist $f(x) = x^2$, $P(1|1)$, $Q(2|4)$, dann ist $m_S = \frac{f(b) - f(a)}{b - a} = \frac{4 - 1}{2 - 1} = 3$ die Steigung der Sekante durch P und Q und

$$m = f'(1) = \lim_{h \to 0} \frac{f(a + h) - f(a)}{h} = \lim_{h \to 0} \frac{(1 + h)^2 - 1}{h} = \lim_{h \to 0} \frac{1 + 2h + h^2 - 1}{h}$$

$$= \lim_{h \to 0} \frac{h \cdot (h + 2)}{h} = \lim_{h \to 0} (2 + h) = 2$$

die Steigung des Graphen an der Stelle x = 1.

F2 Die mittlere und die momentane Änderungsrate in Anwendungssituationen angeben und berechnen.

In Anwendungssituationen haben Differenzenquotient und Differenzialquotient beispielsweise folgende Bedeutung:

Zuordnung durch die Funktion f	mittlere Änderungsrate in einem Intervall	lokale Änderungsrate in einem Punkt
Zeit → zurückgelegter Weg	Durchschnittsgeschwindigkeit in einem Zeitintervall	Momentangeschwindigkeit zu einem Zeitpunkt
Zeit → Geschwindigkeit	durchschnittliche Beschleunigung in einem Zeitintervall	Momentanbeschleunigung zu einem Zeitpunkt
Weg → Benzinverbrauch (Volumen)	durchschnittlicher Benzinverbrauch auf einer Wegstrecke	momentaner Benzinverbrauch
Zeit → eingefüllte Wassermenge	durchschnittliche Zuflussgeschwindigkeit in einem Zeitintervall	momentane Zuflussgeschwindigkeit zu einem Zeitpunkt
Zeit → Höhe einer Pflanze	durchschnittliche Wachstumsgeschwindigkeit in einem Zeitintervall	momentane Wachstumsgeschwindigkeit zu einem Zeitpunkt
Zeit → Temperatur	Durchschnittstemperatur in einem Zeitintervall	momentane Temperatur zu einem Zeitpunkt
Zeit → Besucherzahl	durchschnittliche Zunahme der Besucherzahl in einem Zeitintervall	momentane Zunahme der Besucherzahl zu einem Zeitpunkt

F3 Die Ableitungsfunktion zu Potenzfunktionen bestimmen (Potenzregel).

Die Ableitung einer Potenzfunktion f mit $f(x) = x^n$ ist $f'(x) = n \cdot x^{n-1}$ $(n \in \mathbb{N})$.

Beispiele

(1) $f(x) = 1 \Rightarrow f'(x) = 0$, d. h., die Ableitung der konstanten Funktion ist null.

(2) $f(x) = x \Rightarrow f'(x) = 1$

(3) $f(x) = x^2 \Rightarrow f'(x) = 2x$

(4) $f(x) = x^3 \Rightarrow f'(x) = 3x^2$

(5) $f(x) = x^4 \Rightarrow f'(x) = 4x^3$

F4 Die Ableitungsfunktion zur Sinusfunktion bestimmen.

Die Ableitung der Sinusfunktion f mit $f(x) = \sin(x)$ ist $f'(x) = \cos(x)$.

Die Ableitung der Kosinusfunktion g mit $g(x) = \cos(x)$ ist $g'(x) = -\sin(x)$.

F5 Die Ableitung der Summe [Differenz] von zwei Funktionen bestimmen (Summen-/Differenzregel).

Die Ableitung einer Summe [Differenz] von Funktionen u und v ist gleich der Summe [Differenz] der Ableitungen der einzelnen Funktionen:
$(u + v)'(x) = u'(x) + v'(x)$ und $(u - v)'(x) = u'(x) - v'(x)$.

Beispiele

(1) $f(x) = x^3 + x^2 \Rightarrow f'(x) = 3x^2 + 2x$

(2) $f(x) = x^2 - x^4 \Rightarrow f'(x) = 2x - 4x^3$

(3) $f(x) = x^2 + \sin(x) \Rightarrow f'(x) = 2x + \cos(x)$

(4) $f(x) = \cos(x) - x \Rightarrow f'(x) = -\sin(x) - 1$

F6 Die Ableitung des Vielfachen einer Funktion bestimmen (Faktorregel).

Ein konstanter Faktor bleibt beim Ableiten erhalten: $(k \cdot u)'(x) = k \cdot u'(x)$.

Beispiele

(1) $f(x) = 5x^2 \Rightarrow f'(x) = 5 \cdot 2x = 10x$

(2) $f(x) = 3 \cdot (x^3 - x^2) \Rightarrow f'(x) = 3 \cdot (3x^2 - 2x) = 9x^2 - 6x$

(3) $f(x) = 7 = 7 \cdot x^0 \Rightarrow f'(x) = 7 \cdot 0 = 0$

(4) $f(x) = \frac{1}{2} \cdot \sin(x) \Rightarrow f'(x) = \frac{1}{2} \cdot \cos(x)$

F7 Die Ableitungsfunktionen zu ganzrationalen Funktionen bestimmen.

Bei der Ableitung von ganzrationalen Funktionen wendet man die Potenz-, Faktor-, Summen- und Differenzregel an.

Beispiele

(1) $f(x) = 2x^3 + 5x^2 - 4x + 7 \Rightarrow f'(x) = 2 \cdot 3x^2 + 5 \cdot 2x - 4 = 6x^2 + 10x - 4$

(2) $f(x) = \frac{1}{3}x^4 + \frac{3}{4}x^3 - \frac{3}{5}x^2 + \frac{1}{6}x - \frac{1}{2} \Rightarrow f'(x) = \frac{1}{3} \cdot 4x^3 + \frac{3}{4} \cdot 3x^2 - \frac{3}{5} \cdot 2x + \frac{1}{6} = \frac{4}{3}x^3 + \frac{9}{4}x^2 - \frac{6}{5}x + \frac{1}{6}$

F8 Die Gleichung einer Tangente in einem Punkt eines Graphen bestimmen.

Eine Tangente in einem Punkt $P(a|f(a))$ hat die Steigung $f'(a)$. Daher ergibt sich gemäß der Verschiebungsform (Punkt-Steigungs-Form, siehe A4) die Tangentengleichung:

$t(x) = f'(a) \cdot (x - a) + f(a)$.

Beispiele

(1) Die Tangente an den Graphen der Funktion f mit $f(x) = x^3 - 4x^2 + 6x - 5$ im Punkt $(1 | f(1))$ bestimmt man wie folgt:

Berechnung des Funktionswerts: $f(1) = 1 - 4 + 6 - 5 = -2$

Berechnung der Steigung allgemein: $f'(x) = 3x^2 - 8x + 6$

Berechnung der Steigung an der Stelle x = 1: $f'(1) = 3 - 8 + 6 = 1$

Gleichung der Tangente: $t(x) = 1 \cdot (x - 1) + (-2) = x - 1 - 2 = x - 3$

(2) Die Tangente an den Graphen der Funktion f mit $f(x) = -2x^3 - x^2 + 3x + 2$ im Punkt $(-2 | f(-2))$ bestimmt man wie folgt:

Berechnung des Funktionswerts: $f(-2) = 16 - 4 - 6 + 2 = 8$

Berechnung der Steigung allgemein: $f'(x) = -6x^2 - 2x + 3$

Berechnung der Steigung an der Stelle x = −2: $f'(-2) = -24 + 4 + 3 = -17$

Gleichung der Tangente: $t(x) = -17 \cdot (x + 2) + 8 = -17x - 34 + 8 = -17x - 26$

(3) Die Tangente an den Graphen der Funktion f mit $f(x) = x + \sin(x)$ im Punkt $\left(\frac{\pi}{2} \middle| f\left(\frac{\pi}{2}\right)\right)$ bestimmt man wie folgt:

Berechnung des Funktionswerts: $f\left(\frac{\pi}{2}\right) = \frac{\pi}{2} + 1$

Berechnung der Steigung allgemein: $f'(x) = 1 + \cos(x)$

Berechnung der Steigung an der Stelle $x = \frac{\pi}{2}$:

$f'\left(\frac{\pi}{2}\right) = 1 + \cos\left(\frac{\pi}{2}\right) = 1 + 0 = 1$

Gleichung der Tangente:

$t(x) = 1 \cdot \left(x - \frac{\pi}{2}\right) + \left(\frac{\pi}{2} + 1\right) = x + 1$

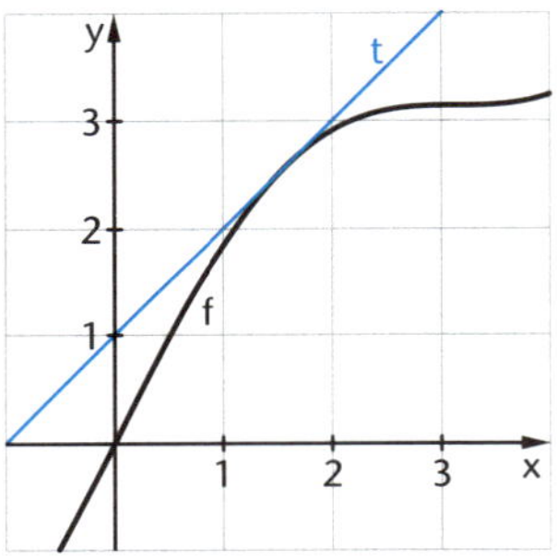

F9 Die Gleichung einer Normale in einem Punkt eines Graphen bestimmen.

Eine Normale in einem Punkt $P(a | f(a))$ des Graphen einer Funktion f hat die Steigung $m = -\frac{1}{f'(a)}$, denn sie ist orthogonal zur Tangente in diesem Punkt (siehe A11). Daher ergibt sich gemäß der Verschiebungsform (Punkt-Steigungs-Form, siehe A4) die Gleichung der Normale wie folgt: $n(x) = -\frac{1}{f'(a)} \cdot (x - a) + f(a)$.

Beispiel

Die Normale an den Graphen der Funktion f mit $f(x) = x^3 - 4x^2 + 6x - 5$ im Punkt $(1 | f(1))$ bestimmt man wie folgt:

Berechnung des Funktionswerts: $f(1) = 1 - 4 + 6 - 5 = -2$

Berechnung der Steigung allgemein: $f'(x) = 3x^2 - 8x + 6$

Berechnung der Steigung an der Stelle x = 1: $f'(1) = 3 - 8 + 6 = 1$

Berechnung der Steigung der Normale an der Stelle x = 1: $m = -1$

Gleichung der Normale: $n(x) = -1 \cdot (x - 1) + (-2) = -x + 1 - 2 = -x - 1$

G1 Das Monotonieverhalten einer ganzrationalen Funktion auf einem Intervall bestimmen.

Wenn für alle x eines Intervalls I gilt, dass die Ableitungsfunktion $f'(x) > 0$ [$f'(x) < 0$], dann ist der Graph der Funktion f auf diesem Intervall streng monoton steigend [fallend].

Da ganzrationale Funktionen keine Definitionslücken haben und ihre Graphen keine Sprungstellen besitzen, genügt es, zunächst die Nullstellen der Ableitungsfunktion zu berechnen und dann für die Intervalle zwischen den Nullstellen bzw. vor der ersten und hinter der letzten Nullstelle der Ableitungsfunktion das Vorzeichen zu bestimmen, denn Vorzeichenwechsel (VZW) können nur an den Nullstellen auftreten.

Dazu berechnet man das Vorzeichen der Ableitungsfunktion an irgendeiner Stelle des Intervalls (stellvertretend für alle Stellen des Intervalls) oder man nutzt (wenn es möglich ist) die Linearfaktorzerlegung des Terms der Ableitungsfunktion, um über die Vorzeichen auf dem Intervall zu entscheiden.

Hinweis: Der Graph der kubischen Funktion f mit $f(x) = x^3$ ist auf der gesamten Definitionsmenge $\mathbb{R}$ streng monoton steigend. Es gilt jedoch: $f'(0) = 0$, d. h. der Graph hat dort eine horizontale Tangente.
Das Kriterium besagt: Wenn die Ableitung auf $\mathbb{R}$ positiv ist, dann ist der Graph auf $\mathbb{R}$ streng monoton steigend.
Das Kriterium besagt nicht: Wenn der Graph auf $\mathbb{R}$ streng monoton steigend ist, dann muss die Ableitung auf $\mathbb{R}$ positiv sein!
Sattelstellen (siehe G2) unterbrechen die Monotonie nicht!

Beispiele

(1) Die Ableitung der Funktion f mit
$f(x) = x^3 - 4{,}5x^2 + 6x - 2$ ist:
$f'(x) = 3x^2 - 9x + 6 = 3 \cdot (x^2 - 3x + 2)$
$= 3 \cdot (x - 1) \cdot (x - 2)$.

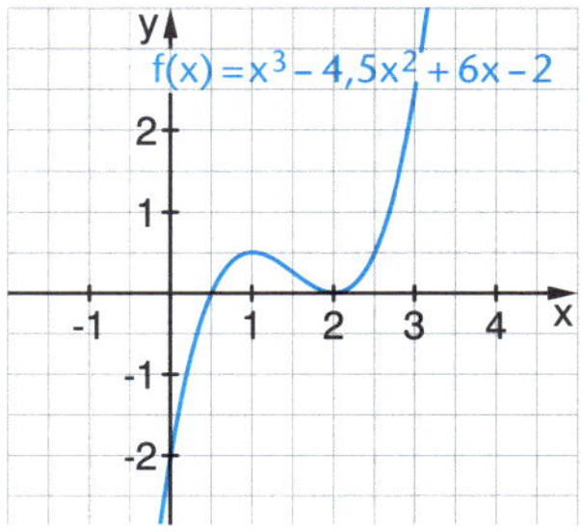

In der folgenden Vorzeichentabelle für die Ableitungsfunktion nutzt man bei Methode (a) die Zerlegung von f′(x) in Linearfaktoren, während man bei der Alternative (b) das Vorzeichen an irgendeiner Stelle des Intervalls bestimmt, um über das Vorzeichen im gesamten Intervall zu entscheiden:

Intervall	**(a) Vorzeichen von $3 \cdot (x-1) \cdot (x-2)$**	**(b) Beispiel**	**Monotonie: Graph streng monoton**
$x < 1$	$(+) \cdot (-) \cdot (-) = (+)$	$f'(0) = +6 > 0$	steigend
$1 < x < 2$	$(+) \cdot (+) \cdot (-) = (-)$	$f'(1{,}5) = -0{,}75 < 0$	fallend
$x > 2$	$(+) \cdot (+) \cdot (+) = (+)$	$f'(3) = +6 > 0$	steigend

Erläuterung zu (a):
Der Faktor 3 ist (für beliebige Einsetzungen von x) positiv (+);
der Faktor (x – 1) ist negativ, wenn man Zahlen x einsetzt, die kleiner sind als +1, und positiv, wenn man Zahlen x einsetzt, die größer sind als +1;
Entsprechendes gilt für den Faktor (x – 2).

Um das Vorzeichen des gesamten Terms zu bestimmen, wendet man die Vorzeichenregeln an: (+) · (+) = (+), (+) · (–) = (–), (–) · (+) = (–) und (–) · (–) = (+).

Zusammenfassung: Der Graph von f ist streng monoton steigend auf dem Intervall $]-\infty\,;1]$, dann streng monoton fallend auf dem Intervall $[1\,;2]$, dann wieder streng monoton steigend auf dem Intervall $[2\,;+\infty\,[$.

(2) Die Ableitung der Funktion f mit
$f(x) = x^4 - 8x^2 + 12$ ist:
$f'(x) = 4x^3 - 16x = 4x \cdot (x^2 - 4)$
$= 4 \cdot (x + 2) \cdot x \cdot (x - 2)$

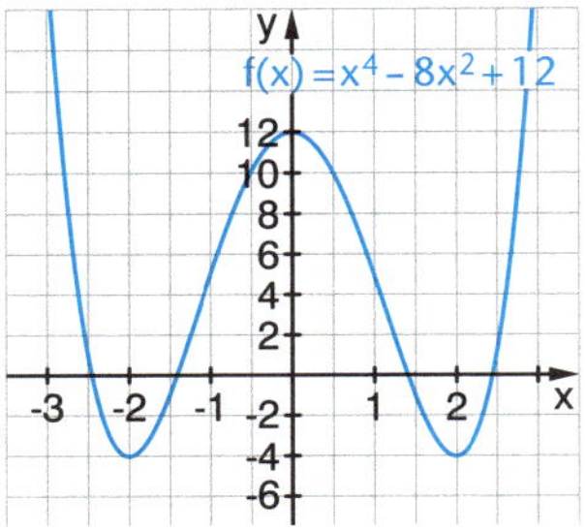

Man beachte: Wenn man die Linearfaktoren so anordnet, dass die zugehörigen Nullstellen der Anordnung auf dem Zahlenstrahl entsprechen, erleichtert man sich die Fallunterscheidung.

Intervall	(a) Vorzeichen von $4 \cdot (x + 2) \cdot x \cdot (x - 2)$	(b) Beispiel	Monotonie: Graph streng monoton
$x < -2$	(+) · (–) · (–) · (–) = (–)	$f'(-3) = -60 < 0$	fallend
$-2 < x < 0$	(+) · (+) · (–) · (–) = (+)	$f'(-1) = +12 < 0$	steigend
$0 < x < 2$	(+) · (+) · (+) · (–) = (–)	$f'(+1) = -12 < 0$	fallend
$x > 2$	(+) · (+) · (+) · (+) = (+)	$f'(+3) = +60 > 0$	steigend

Zusammenfassung: Der Graph von f ist streng monoton fallend auf dem Intervall $]-\infty\,;-2]$, streng monoton steigend auf dem Intervall $[-2\,;0]$, streng monoton fallend auf dem Intervall $[0\,;2]$ und wieder streng monoton steigend auf dem Intervall $[2\,;+\infty[$.

G2 Überprüfen, ob das notwendige Kriterium für das Vorliegen einer Extremstelle erfüllt ist.

Hochpunkte und Tiefpunkte eines Graphen sind dadurch gekennzeichnet, dass die Tangenten an den Graphen in diesen Punkten parallel zur x-Achse verlaufen, d. h. die Steigung $m = 0$ haben. Diese Bedingung muss also notwendigerweise erfüllt sein, damit eine Stelle als Extremstelle überhaupt in Frage kommt.

Daher sind die Nullstellen der 1. Ableitung nur *Kandidaten* für Extremstellen, da diese Stellen mit horizontalen Tangenten auch **Sattelstellen** sein könnten.

Sattelstellen lassen sich dadurch charakterisieren, dass hier zwar eine Nullstelle der Ableitung vorliegt, die Ableitung aber in einem Intervall links und rechts von dieser Stelle dasselbe Vorzeichen hat.

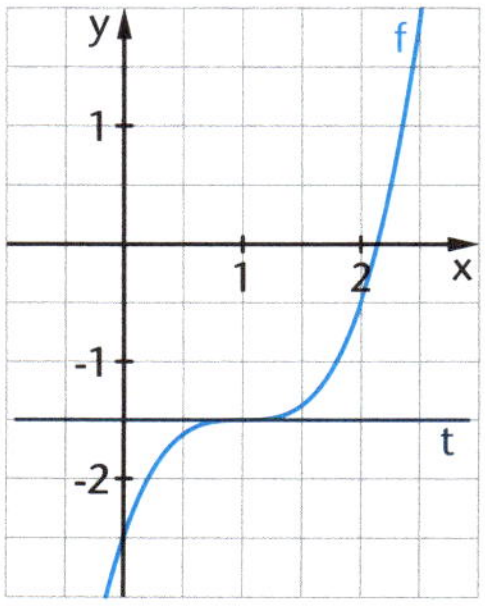

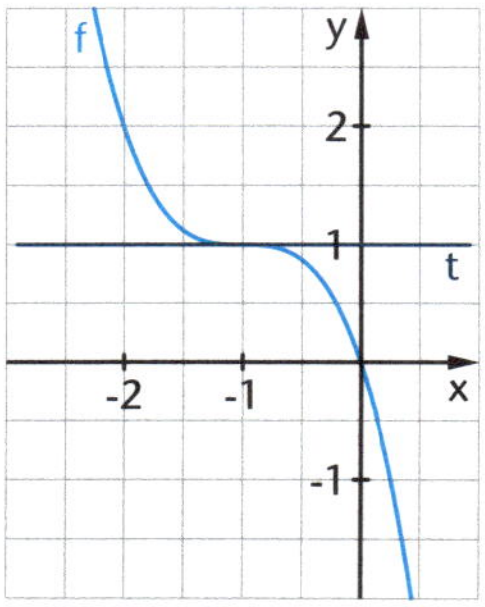

Beispiele

(1) Die Ableitung der Funktion f mit $f(x) = x^3 - 4{,}5x^2 + 6x - 2$ ist:
$f'(x) = 3x^2 - 9x + 6 = 3 \cdot (x^2 - 3x + 2) = 3 \cdot (x - 1) \cdot (x - 2)$,
d. h., die Nullstellen der Ableitungsfunktion sind also $x_1 = 1$ und $x_2 = 2$;
dort hat der Graph jeweils eine horizontale Tangente.

(2) Die Ableitung der Funktion f mit $f(x) = x^4 - 8x^2 + 12$ ist:
$f'(x) = 4x^3 - 16x = 4x \cdot (x^2 - 4) = 4 \cdot (x + 2) \cdot x \cdot (x - 2)$,
d. h., die Nullstellen der Ableitungsfunktion sind also $x_1 = -2$, $x_2 = 0$ und $x_3 = 2$;
dies sind also Kandidaten für Extremstellen.

(3) Die Ableitung der Funktion f mit $f(x) = x^4 - 2x^3$ ist: $f'(x) = 4x^3 - 6x^2 = 4x^2 \cdot (x - 1{,}5)$, d. h., die Nullstellen der Ableitungsfunktion sind also $x_1 = 0$ (doppelt) und $x_2 = 1{,}5$; dort hat der Graph jeweils eine horizontale Tangente.
Der Graph hat jedoch an der Stelle x_1 keine Extremstelle.

(4) Da die Ableitungsfunktion einer ganzrationalen Funktion 3. Grades eine ganzrationale Funktion 2. Grades ist, kann diese maximal zwei lokale Extremstellen haben, denn die quadratische Gleichung $f'(x) = 0$ hat maximal zwei Lösungen (siehe A10).

(5) Da die Ableitungsfunktion einer ganzrationalen Funktion 4. Grades eine ganzrationale Funktion 3. Grades ist, kann diese maximal drei lokale Extremstellen haben, denn die kubische Gleichung $f'(x) = 0$ hat maximal drei Lösungen (siehe D1).

G3 Mithilfe der Monotonie überprüfen, ob eine Extremstelle vorliegt (hinreichendes Kriterium).

- Der Graph einer Funktion f hat an einer Stelle $x = a$ ein lokales Maximum, wenn der Graph in einem Intervall links von dieser Stelle streng monoton steigt und in einem Intervall rechts von dieser Stelle streng monoton fällt; dies ist gewährleistet, wenn die Ableitungsfunktion f' an der Stelle $x = a$ einen Vorzeichenwechsel von + nach − hat.
- Der Graph einer Funktion hat an einer Stelle $x = a$ ein lokales Minimum, wenn der Graph in einem Intervall links von dieser Stelle streng monoton fällt und in einem Intervall rechts von dieser Stelle streng monoton steigt; dies ist gewährleistet, wenn die Ableitungsfunktion f' an der Stelle $x = a$ einen Vorzeichenwechsel von − nach + hat.

Die Untersuchung des Vorzeichenwechsels geschieht am einfachsten in Form einer Tabelle, vgl. G1.

Beispiele

Aus den Beispielen zu G1 ist zu entnehmen:

- Die Funktion f mit $f(x) = x^3 - 4{,}5x^2 + 6x - 2$ hat an der Stelle $x = 1$ ein lokales Maximum und an der Stelle $x = 2$ ein lokales Minimum.
- Die Funktion f mit $f(x) = x^4 - 8x^2 + 12$ hat an der Stelle $x = -2$ ein lokales Minimum, an der Stelle $x = 0$ ein lokales Maximum und an der Stelle $x = 2$ ein lokales Minimum.

G4 Überprüfen, ob ein lokales Maximum [Minimum] auch absolutes Maximum [Minimum] einer Funktion ist.

Grundsätzlich gilt:
Wird eine ganzrationale Funktion in einer Anwendungssituation nur auf einem bestimmten Intervall betrachtet, dann überprüft man, ob die Funktion auf diesem Intervall lokale Extrema hat, berechnet deren Funktionswerte und vergleicht diese mit den Funktionswerten an den beiden Rändern des Definitionsbereichs.

Allgemein gilt für ganzrationale Funktionen 3. Grades:
Wird eine ganzrationale Funktion 3. Grades f mit $f(x) = a x^3 + b x^2 + c x + d$ über den vollen Definitionsbereich betrachtet (d. h. $D_f = \mathbb{R}$), dann existiert weder ein absolutes Maximum noch ein absolutes Minimum, denn der Graph verläuft von $-\infty$ nach $+\infty$ (falls $a > 0$) oder von $+\infty$ nach $-\infty$ (falls $a < 0$).

Beispiele

(1)

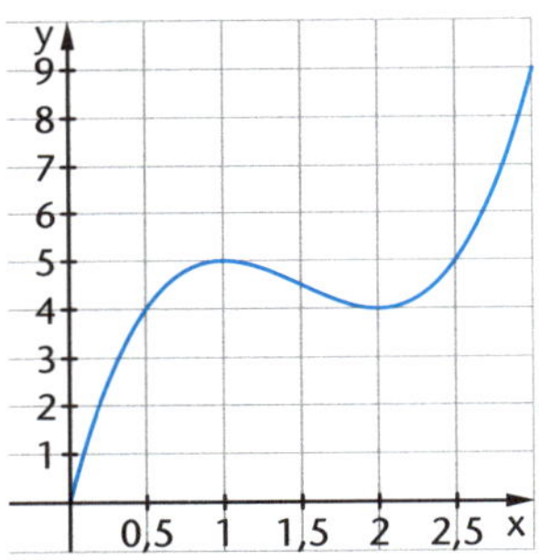

(2)

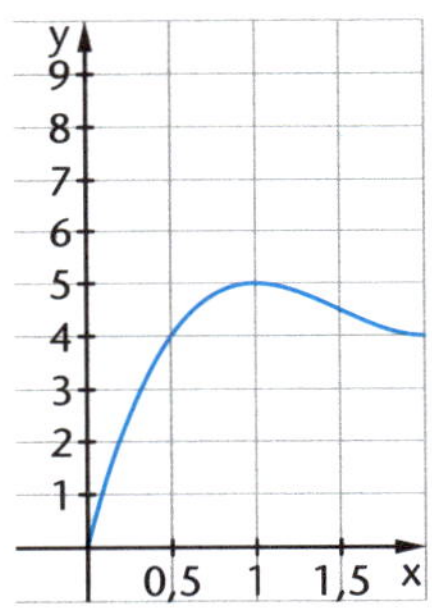

(3)

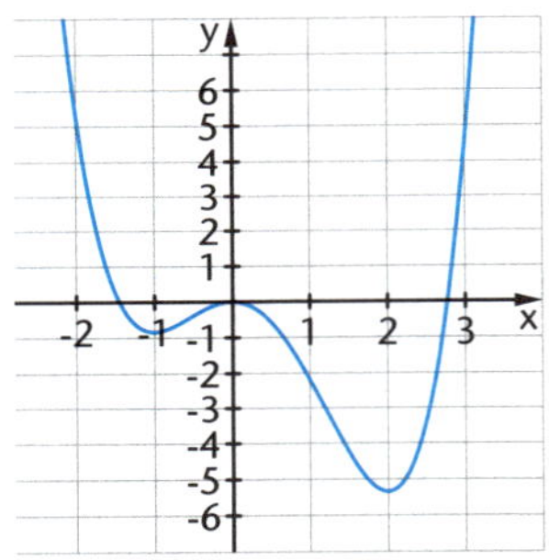

(1) Ein Vorgang lässt sich auf dem Intervall $0 \leq x \leq 3$ durch den Graphen der Funktion f mit $f(x) = 2x^3 - 9x^2 + 12x$ modellieren. Bezogen auf das Intervall $[0; 3]$ besitzt die Funktion ein absolutes Minimum bei $x = 0$ und ein absolutes Maximum bei $x = 3$; beides sind Randwerte der Funktion.

(2) Wäre die Modellierung aus Beispiel (2) beschränkt auf das Intervall $[0; 2]$, dann wäre das lokale Maximum bei $x = 1$ auch absolutes Maximum, das lokale Minimum bei $x = 2$ aber kein absolutes Minimum. Das absolute Minimum liegt hier bei $x = 0$.

H1 Zu einer gegebenen ganzrationalen Funktion eine Funktion bestimmen, deren Ableitung die gegebene Funktion ist.

Um zu einer gegebenen Funktion f eine Funktion g zu bestimmen, sodass gilt: $g'(x) = f(x)$, muss man die Potenz-, Faktor-, Summen- und Differenzregel beachten sowie bedenken, dass die Ableitung einer Konstanten gleich null ist. Daher gibt es stets unendlich viele ganzrationale Funktionen, deren Ableitung eine ganzrationale Funktion ist.

Beispiele

(1) $f(x) = x^2 \Rightarrow g(x) = \frac{1}{3}x^3 + c$, denn $g'(x) = \frac{1}{3} \cdot 3x^2 = x^2 = f(x)$

(2) $f(x) = x^3 \Rightarrow g(x) = \frac{1}{4}x^4 + c$, denn $g'(x) = \frac{1}{4} \cdot 4x^3 = x^3 = f(x)$

(3) $f(x) = x^3 - 5x^2 + 2x - 1 \Rightarrow g(x) = \frac{1}{4}x^4 - \frac{5}{3}x^3 + x^2 - x + c$, denn
$g'(x) = \frac{1}{4} \cdot 4x^3 - \frac{5}{3} \cdot 3x^2 + 2x - 1 = f(x)$

H2 Den Graphen der Ableitungsfunktion zu dem gegebenen Graphen einer Funktion skizzieren.

Um eine Skizze des Graphen der Ableitungsfunktion f′ zu erstellen, sollte man folgende Zusammenhänge berücksichtigen:

Graph der Funktion f	Graph der Ableitungsfunktion f′
streng monoton steigend	verläuft oberhalb der x-Achse
streng monoton fallend	verläuft unterhalb der x-Achse
Stelle mit horizontaler Tangente	Nullstelle
lokales Maximum	Nullstelle mit Vorzeichenwechsel von + nach −
lokales Minimum	Nullstelle mit Vorzeichenwechsel von − nach +
Sattelstelle	Nullstelle ohne Vorzeichenwechsel
Stelle mit lokal maximaler Steigung	lokales Maximum
Stelle mit lokal minimaler Steigung	lokales Minimum

Beispiele

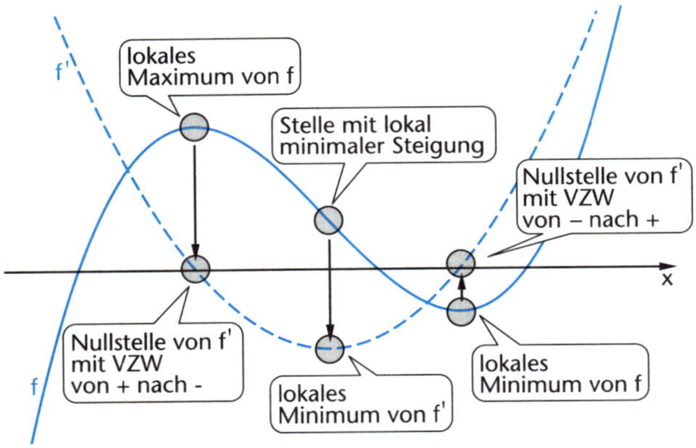

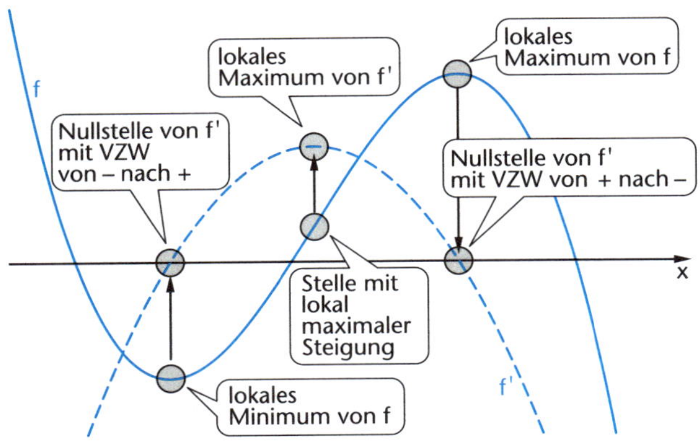

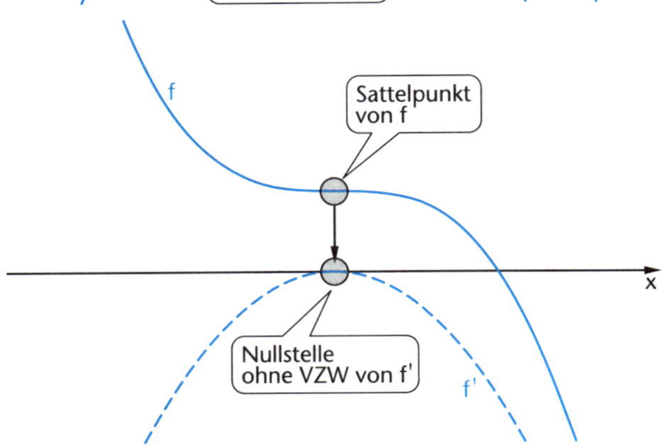

H3 Den Graphen einer Funktion zu dem gegebenen Graphen der Ableitungsfunktion skizzieren.

Um eine Skizze des Graphen einer Funktion f zu erstellen, wenn der Graph der Ableitungsfunktion gegeben ist, sollte man die in der Tabelle von H2 angegebenen Zusammenhänge berücksichtigen (von rechts nach links zu lesen).

I1 Mehrstufige Zufallsversuche mit Baumdiagrammen beschreiben und Wahrscheinlichkeiten mit den Pfadregeln berechnen (Pfadadditions-/Pfadmultiplikationsregel) sowie die Komplementärregel anwenden.

Darstellung durch Baumdiagramme: Mehrstufige Zufallsversuche lassen sich mithilfe eines Baumdiagramms darstellen. Zu jedem der möglichen Ergebnisse des Zufallsexperiments gehört ein Pfad im Baumdiagramm. Zeichnet man ein vollständiges Baumdiagramm, dann ist eine Kontrolle möglich: Die Summe der Wahrscheinlichkeiten nach einer Verzweigung ist gleich 1.

Pfadmultiplikationsregel: Die Wahrscheinlichkeit eines Pfades ist gleich dem Produkt der Wahrscheinlichkeiten längs dieses Pfades.

Pfadadditionsregel: Gehören zu einem Ereignis mehrere Pfade, dann ist die Wahrscheinlichkeit dieses Ereignisses gleich der Summe der Wahrscheinlichkeiten der zugehörigen Pfade.

Komplementärregel: Kennt man die Wahrscheinlichkeit eines Ereignisses E, dann kennt man auch die Wahrscheinlichkeit des Gegenereignisses $\overline{E}$; diese ergänzen sich nämlich zu 1: $P(\overline{E}) = 1 - P(E)$

Beispiel 1 *Pfadmultiplikations- und Pfadadditionsregel*
Bei der Kontrolle von Keramikgefäßen werden drei Eigenschaften überprüft, die erfahrungsgemäß mit den Wahrscheinlichkeiten 0,9 bzw. 0,95 bzw. 0,85 erfüllt sind. Nur Gefäße, die alle drei Kontrollen bestehen, sind 1. Wahl; fällt eine der Kontrollen negativ aus, ist das Produkt 2. Wahl. Mit welcher Wahrscheinlichkeit sind die produzierten Gefäße 1. bzw. 2. Wahl oder Ausschuss?

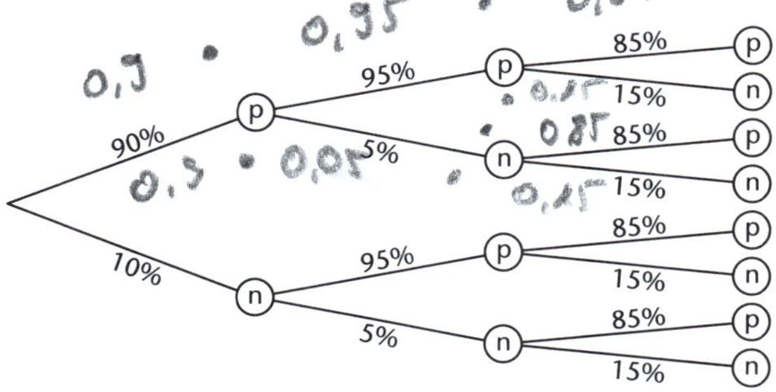

Ergebnis	Wahrscheinlichkeit	
ppp	72,68 %	← 1.Wahl
ppn	12,83 %	← 2. Wahl
pnp	3,83 %	← 2. Wahl
pnn	0,68 %	← Ausschuss
npp	8,08 %	← 2. Wahl
npn	1,43 %	← Ausschuss
nnp	0,43 %	← Ausschuss
nnn	0,08 %	← Ausschuss

P (1. Wahl) = P(ppp) = 0,7268,

P (2. Wahl) = P (ppn) + P (pnp) + P (npp) = 0,1283 + 0,0383 + 0,0808 = 0,2474,

P (Ausschuss) = P (pnn) + P (npn) + P (nnp) + P (nnn) = 0,0068 + 0,0143 + 0,0043 + 0,0008
= 0,0262.

Anwendung der Komplementärregel:
P (Ausschuss) = 1 − [P (1. Wahl) + P (2. Wahl)]
= 1 − [0,7268 + 0,2474] = 1 − 0,9742 = 0,0258.

Die Wahrscheinlichkeiten für ein Ausschussprodukt weichen wegen der auftretenden Rundungsfehler geringfügig voneinander ab.

Beispiel 2 *Komplementärregel*

Man wendet die Komplementärregel an, wenn es einfacher ist, die Wahrscheinlichkeit des Gegenereignisses zu bestimmen (vgl. oben). Dies ist auch oft der Fall, wenn in der Aufgabenstellung das Wort „mindestens" verwendet wird.

Aus einer Urne mit 2 schwarzen und 3 weißen Kugeln wird nacheinander eine Kugel ohne Zurücklegen gezogen. Mit welcher Wahrscheinlichkeit hat man nach 3 Ziehungen mindestens eine schwarze Kugel gezogen?

Gegenereignis: *Nach drei Ziehungen ist noch keine schwarze Kugel gezogen worden, d. h., in den drei Ziehungen sind nur weiße Kugeln gezogen worden.*

$$\begin{aligned} P(\text{mindestens eine schwarze Kugel}) &= 1 - P(\text{nur weiße Kugeln}) \\ &= 1 - \frac{3}{5} \cdot \frac{2}{4} \cdot \frac{1}{3} = 1 - \frac{1}{10} = \frac{9}{10} = 90\,\%. \end{aligned}$$

I2 Wahrscheinlichkeitsverteilungen aufstellen und Erwartungswertsbetrachtungen durchführen.

Oft lassen sich die Ergebnisse von Zufallsversuchen nach gewissen Gesichtspunkten zu voneinander verschiedenen Ereignissen zusammenfassen (hierfür werden in der Qualifikationsphase sogenannte **Zufallsgrößen** eingeführt). Die Ereignisse können in Tabellenform notiert werden. Enthält eine solche Tabelle auch die zu den Ereignissen gehörenden Wahrscheinlichkeiten, dann bezeichnet man dies als eine Wahrscheinlichkeitsverteilung. Eine Wahrscheinlichkeitsverteilung kann man mithilfe eines Histogramms grafisch darstellen. Geht man von einer gewissen Anzahl von Versuchsdurchführungen aus, kann man gemäß der Häufigkeitsinterpretation der Wahrscheinlichkeiten ermitteln, wie oft die einzelnen Ereignisse bei dieser Anzahl zu erwarten sind. Sind den betrachteten Ereignissen Werte zugeordnet, z. B. Auszahlungsbeträge bei einem Spiel, kann man berechnen, welcher Wert im Mittel zu erwarten ist. Dieser zu erwartende Mittelwert der Werte wird als **Erwartungswert der Wahrscheinlichkeitsverteilung** bezeichnet.
Man bezeichnet ein Spiel als **fair**, wenn der Erwartungswert der Auszahlung genauso groß ist wie der Einsatz für das Spiel.

Beispiele

(1) *Zu erwartender Auszahlungsbetrag bei einem Glücksspiel*
Das abgebildete Glücksrad wird zweimal gedreht. Ausgezahlt wird das Produkt der beiden Zahlen in Euro.
Der Zufallsversuch hat 9 verschiedene Ergebnisse, die man bezogen auf den Auszahlungsbetrag wie folgt zusammenfassen kann:

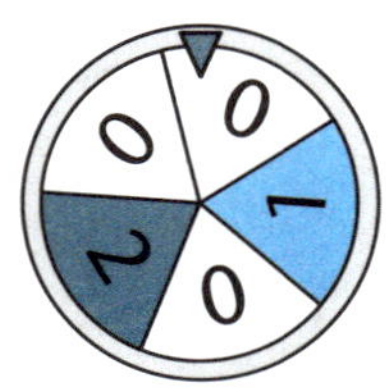

Ereignis	Ergebnisse	Auszahlung	Wahrscheinlichkeit
E_0	(0;0), (0;1), (0;2), (1;0), (2;0)	0 €	$\left(\frac{3}{5}\right)^2 + 4 \cdot \frac{3}{5} \cdot \frac{1}{5} = \frac{21}{25} = 0{,}84$
E_1	(1;1)	1 €	$\left(\frac{1}{5}\right)^2 = \frac{1}{25} = 0{,}04$
E_2	(1;2), (2;1)	2 €	$2 \cdot \frac{1}{5} \cdot \frac{1}{5} = \frac{2}{25} = 0{,}08$
E_4	(2;2)	4 €	$\left(\frac{1}{5}\right)^2 = \frac{1}{25} = 0{,}04$

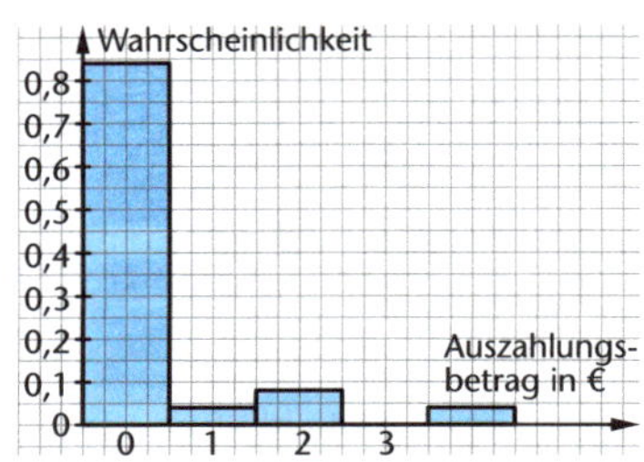

Wenn das Spiel z. B. 100-mal durchgeführt wird, dann kann man erwarten, dass insgesamt 36 € ausgezahlt werden müssen, d. h. im Mittel 0,36 € pro Spiel:

Auszahlung in €	Wahrscheinlichkeit	erwartete Häufigkeit in 100 Spielen	erwartete Auszahlung in €
0	0,84	84	$84 \cdot 0€ = 0€$
1	0,04	4	$4 \cdot 1€ = 4€$
2	0,08	8	$8 \cdot 2€ = 16€$
4	0,04	4	$4 \cdot 4€ = 16€$
Kontrolle:	1	100	36 € in 100 Spielen

Das Spiel wäre also bei einem Einsatz von 0,36 € ein faires Spiel.

(2) *Zu erwartender Gewinn bei der Produktion von Keramikgefäßen*
Angenommen, die Keramikgefäße 1. Wahl im Beispiel 1 aus I1 können mit einem Gewinn (= Einnahmen – Kosten) von 20,00 € pro Stück verkauft werden, die der 2. Wahl mit einem Gewinn von 10,00 € pro Stück und der Verlust durch die Ausschussware beträgt 5,00 € pro Stück, dann berechnet sich der zu erwartende Gewinn wie folgt:

Qualität	**Gewinn in €**	**Wahrscheinlichkeit**	**erwartete Häufigkeit bei 10000 produzierten Keramikgefäßen**	**erwarteter Gewinn in €**
1. Wahl	20,00 €	0,7268	7268	145 360 €
2. Wahl	10,00 €	0,2474	2474	24 740 €
Ausschuss	–5,00 €	0,0258	258	–1290 €
Kontrolle:		1	10 000	168 810 € bei 10 000 produzierten Gefäßen

Demnach kann ein Gewinn von 16,88 € pro Keramikgefäß erwartet werden.

I3 Daten aus Vierfeldertafeln als Wahrscheinlichkeiten von zweistufigen Zufallsversuchen interpretieren sowie Vierfeldertafeln zur Umkehrung von Baumdiagrammen nutzen.

In einer Vierfeldertafel wird erfasst, mit welchen relativen oder absoluten Häufigkeiten zwei Merkmalsausprägungen zweier Merkmale und auch deren Kombination auftreten.

Zu jeder Vierfeldertafel gehören zwei mögliche Baumdiagramme, die sich durch die Reihenfolge unterscheiden, in der die beiden in der Vierfeldertafel erfassten Merkmale betrachtet werden.

- Die Wahrscheinlichkeiten, die jeweils auf der 1. Stufe der Baumdiagramme eingetragen werden können, stehen in den Randfeldern der Vierfeldertafel.
- Die Pfadwahrscheinlichkeiten am Ende des Pfades können den inneren Feldern der Vierfeldertafel entnommen werden. Diese stimmen daher (bis auf die Reihenfolge) bei beiden Baumdiagrammen überein.

		Merkmal B		
		B_1	B_1	**gesamt**
Merkmal A	A_1	p_1	p_2	$P(A_1)$
	A_2	p_3	p_4	$P(A_2)$
gesamt		$P(B_1)$	$P(B_2)$	1

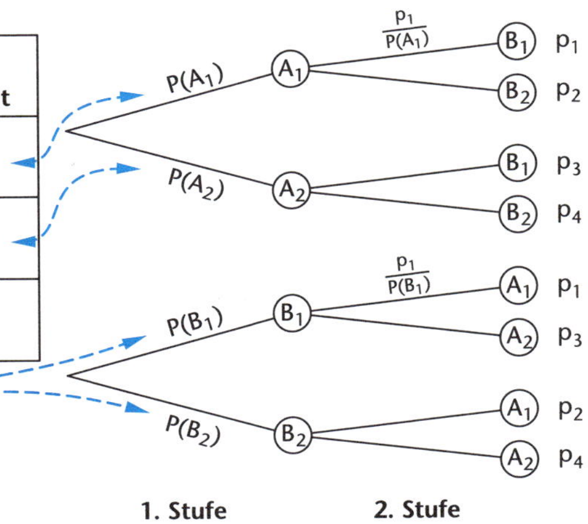

Die Wahrscheinlichkeiten auf der 2. Stufe ergeben sich (gemäß Pfadmultiplikationsregel) als Quotienten aus den Pfadwahrscheinlichkeiten und den Wahrscheinlichkeiten auf der 1. Stufe, bei der Vierfeldertafel jeweils als Quotienten innerhalb einer Zeile bzw. innerhalb einer Spalte.

Diese Wahrscheinlichkeiten der 2. Stufe sind sogenannte **bedingte Wahrscheinlichkeiten**, denn sie hängen i. A. davon ab, welches Ergebnis nach der 1. Stufe vorliegt.

Beispiele

(1) *Aus einer Vierfeldertafel die beiden zugehörigen Baumdiagramme entwickeln*

Eine Arbeitsmarktstatistik enthält nebenstehende Informationen über Teilzeit- und Vollzeitbeschäftigte in Deutschland.

	weiblich	**männlich**	**gesamt**
Vollzeit	21,9 %	44,0 %	65,9 %
Teilzeit	23,4 %	10,7 %	34,1 %
gesamt	45,3%	54,7 %	100,0 %

Die Wahrscheinlichkeiten der 1. Stufe kann man aus den Randwerten der Vierfeldertafel ablesen; die Pfad-Wahrscheinlichkeiten entsprechen den inneren Werten der Vierfeldertafel. Durch Quotientenbildung innerhalb der Spalten bzw. Zeilen der Vierfeldertafel ergeben sich die Wahrscheinlichkeiten der 2. Stufe.

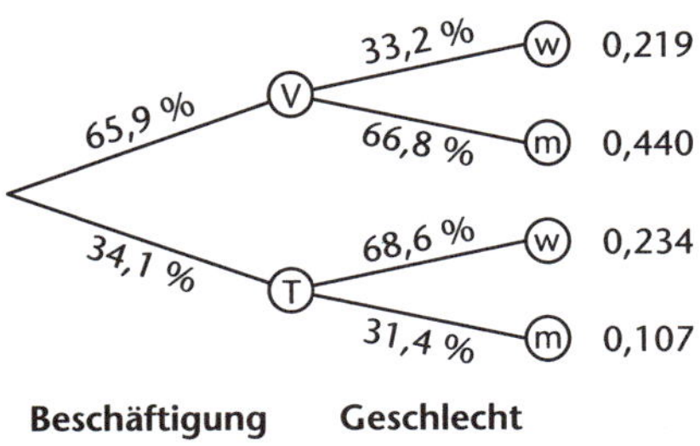

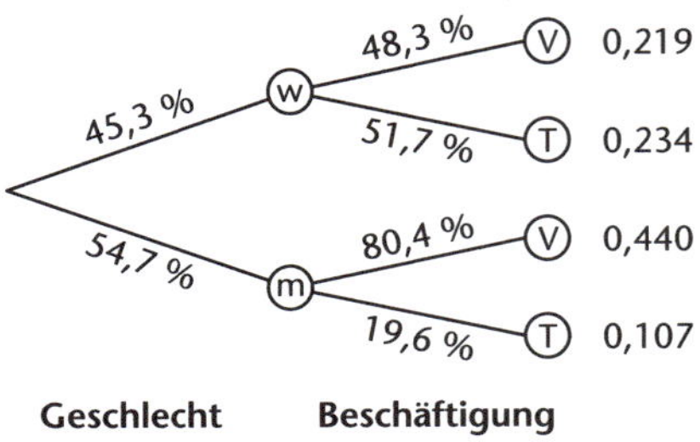

(2) *Aus einem Baumdiagramm die zugehörige Vierfeldertafel sowie das umgekehrte Baumdiagramm entwickeln*

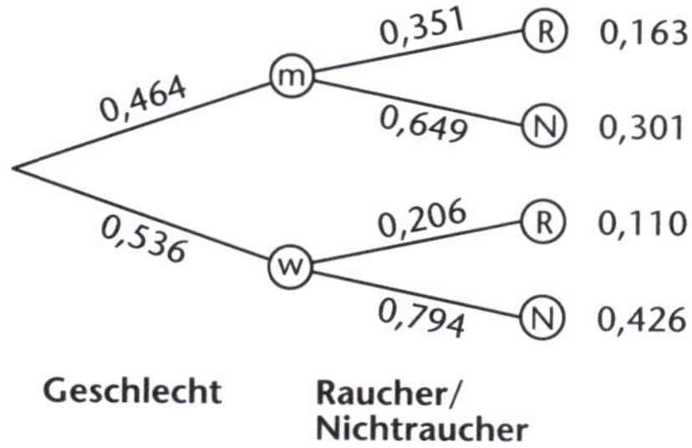

	Raucher	Nichtraucher	gesamt
männlich	0,163	0,301	0,464
weiblich	0,110	0,426	0,536
gesamt	0,273	0,727	1

Aus dem Baumdiagramm (links) können Informationen über Raucher und Nichtraucher entnommen werden. Aus den Pfadwahrscheinlichkeiten ergeben sich die inneren Felder der Vierfeldertafel (rechts).

Aus der Vierfeldertafel können die bedingten Wahrscheinlichkeiten der 2. Stufe des umgekehrten Baumdiagramms berechnet werden:

Anteil der Männer unter allen Rauchern =

$$P_{\text{Raucher}}(\text{Männer}) = \frac{P(\text{Raucher und Männer})}{P(\text{Raucher})} = \frac{0{,}163}{0{,}273} \approx 0{,}597$$

Anteil der Frauen unter allen Rauchern =

$$P_{\text{Raucher}}(\text{Frauen}) = \frac{P(\text{Raucher und Frauen})}{P(\text{Raucher})} = \frac{0{,}110}{0{,}273} \approx 0{,}403$$

Anteil der Männer unter allen Nichtrauchern =

$$P_{\text{Nichtraucher}}(\text{Männer}) = \frac{P(\text{Nichtraucher und Männer})}{P(\text{Nichtraucher})} = \frac{0{,}301}{0{,}727} \approx 0{,}414$$

Anteil der Frauen unter allen Nichtrauchern =

$$P_{\text{Nichtraucher}}(\text{Frauen}) = \frac{P(\text{Nichtraucher und Frauen})}{P(\text{Nichtraucher})} = \frac{0{,}426}{0{,}727} \approx 0{,}586$$

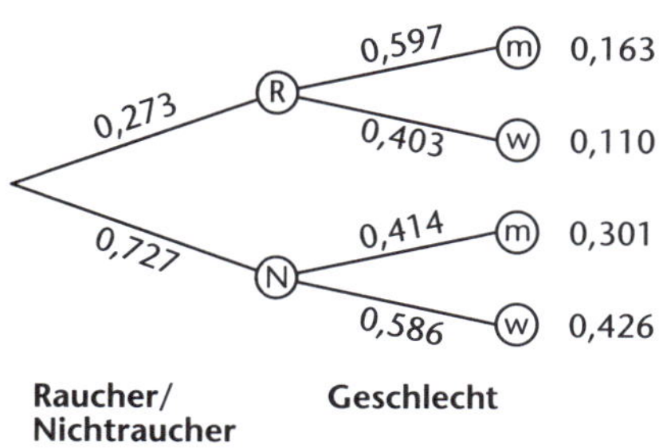

I4 Bedingte Wahrscheinlichkeiten kennzeichnen – Abhängigkeit und Unabhängigkeit von Merkmalen beschreiben.

Um die Abhängigkeit eines Merkmals von einem anderen deutlich zu machen, notiert man die bedingten Wahrscheinlichkeiten auf der 2. Stufe eines Baumdiagramms mit einem Index, der auf das Merkmal auf der 1. Stufe hinweist, siehe I3.

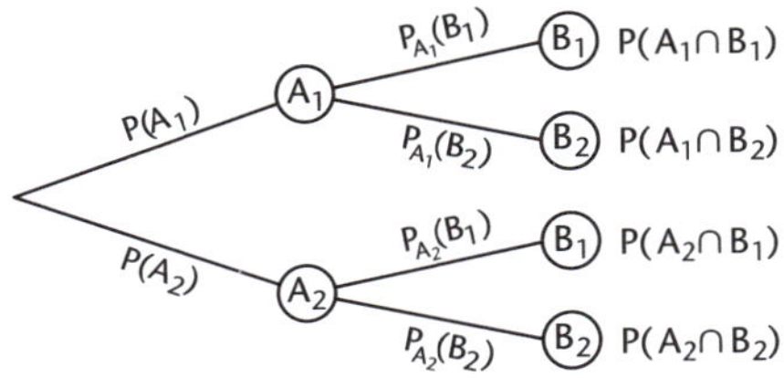

Betrachtet man z. B. zwei Merkmale mit den Ausprägungen A_1 und A_2 sowie B_1 und B_2, dann notiert man das eine der beiden Baumdiagramme wie nebenstehend.

Dabei gilt z. B.

$$P_{A_1}(B_1) = \frac{P(A_1 \cap B_1)}{P(A_1)} = \frac{\text{Pfadwahrscheinlichkeit}}{\text{Wahrscheinlichkeit der 1. Stufe}}.$$

Man notiert den Index, wenn die Ergebnisse der 2. Stufe von den Ergebnissen der 1. Stufe abhängen; dann sind die zugehörigen Merkmale **stochastisch voneinander abhängig**.

Falls die Ergebnisse der 2. Stufe nicht von den Ergebnissen der 1. Stufe abhängen, bezeichnet man die zugehörigen Merkmale als **stochastisch voneinander unabhängig**.

Treten auf der 2. Stufe im oberen und im unteren Zweig gleiche Teilbäume auf (in der Grafik umrahmt), dann sind die Merkmale von einander unabhängig, sonst voneinander abhängig.

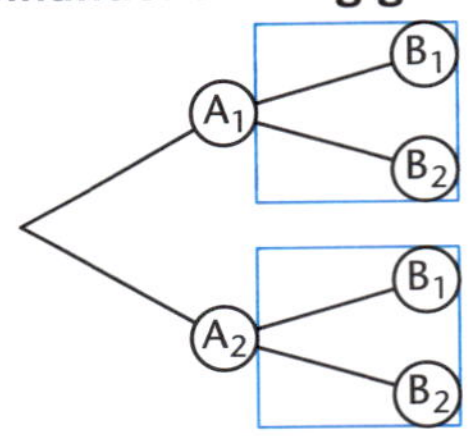

1. Stufe **2. Stufe**

Beispiele

Die Merkmale sind stochastisch voneinander ...

(1) unabhängig,

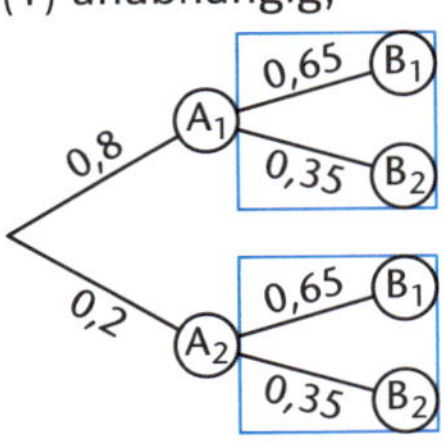

1. Stufe **2. Stufe**

(2) abhängig,

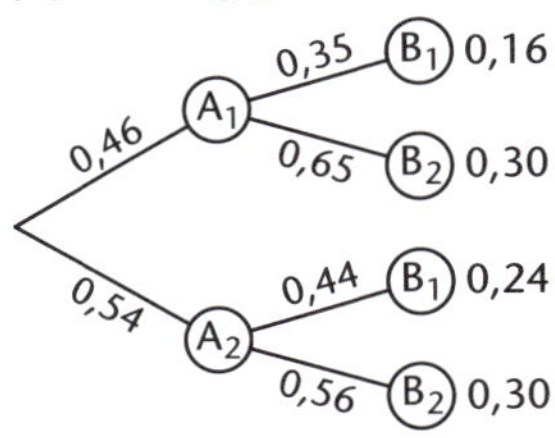

1. Stufe **2. Stufe**

... da die Teilbäume der 2. Stufe ...

(1) übereinstimmen.

(2) nicht übereinstimmen.

Trainings- und Beispielaufgaben

Hilfsmittelfreie Aufgaben

Hilfsmittelfreie Aufgabe 1 *Originalaufgabe der Zentralen Klausur 2018*

Gegeben ist die Funktion f mit der Gleichung $f(x) = \frac{1}{2} \cdot x^3 + x^2 - x + 2,\ x \in \mathbb{R}$.

a) Berechnen Sie $f'(2)$.

F3

b) In der Abbildung sind zwei Graphen A und B abgebildet, einer davon ist der Graph der Funktion f.

Für die Ableitung der Funktion f an der Stelle 0 gilt: $f'(0) = -1$.

Entscheiden Sie mit Hilfe dieser Eigenschaft begründet, welcher der beiden Graphen der Graph von f ist.

G1

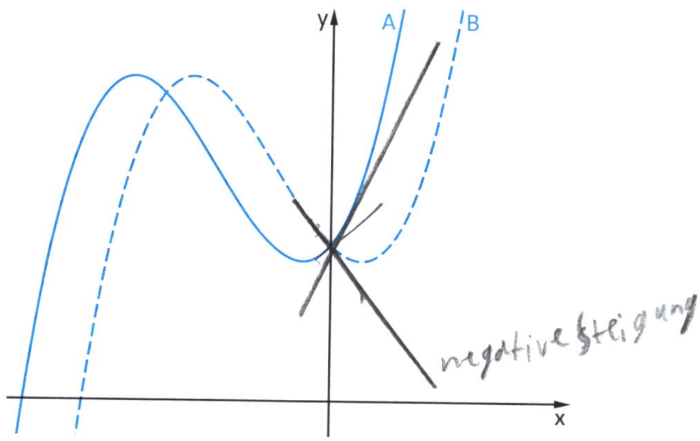

Lösung

Wenn man an die beiden Graphen A und B an der Stelle $x = 0$ eine Tangente einzeichnet, dann hat die Tangente an A eine positive Steigung, die Tangente an den Graphen B eine negative Steigung. Da $f'(0) = -1$, f also an der Stelle $x = 0$ eine negative Steigung hat, muss es sich bei dem Graphen B um den Graphen der Funktion f handeln.

Hilfsmittelfreie Aufgabe 2 *Originalaufgabe der Zentralen Klausur 2018*

In einem Land sind 20 % der Bevölkerung mindestens 65 Jahre alt. Diese Personen werden im Folgenden Senioren genannt. 10 % der Bevölkerung des Landes sind Senioren, die das Internet nutzen. Insgesamt sind 85 % der Bevölkerung des Landes Internetnutzer.

a) Stellen Sie den oben beschriebenen Sachverhalt dar, indem Sie alle Prozentsätze in der folgenden Tabelle angeben.

I3

	Nicht-Senioren	Senioren	Summe
Nutzer	75%	10%	85%
Nicht-Nutzer	5%	10%	15%
Summe	80%	20%	100 %

b) Eine Person nutzt das Internet.

Stellen Sie einen Term für die Wahrscheinlichkeit auf, dass die Person ein Senior ist. [Eine Berechnung der Wahrscheinlichkeit ist nicht erforderlich.]

Lösung

a) Aus der Information ergeben sich die folgenden Eintragungen für eine Vierfeldertafel; unmittelbar ergeben sich die in Klammern gesetzten Prozentsätze als Ergänzungen zu 100 % (Randwerte der Vierfeldertafel):

	Nicht-Senioren	Senioren	Summe
Nutzer		10 %	85 %
Nicht-Nutzer			(15 %)
Summe	(80 %)	20 %	100 %

Im nächsten Schritt können die fehlenden Prozentsätze ergänzt werden (in Blau):

	Nicht-Senioren	Senioren	Summe
Nutzer	75 %	10 %	85 %
Nicht-Nutzer	5 %	10 %	(15 %)
Summe	(80 %)	20 %	100 %

b) Betrachtet wird die Teil-Gesamtheit aller Internetnutzer (85 % aller Personen), vgl. den folgenden Ausschnitt aus der Vierfeldertafel.

	Nicht-Senioren	Senioren	gesamt
Nutzer	75 %	10 %	85 %

Diese Teil-Gesamtheit setzt sich aus Nicht-Senioren und Senioren zusammen. Der Anteil der Senioren hierunter beträgt

$P_{\text{Nutzer}}(\text{Senioren}) = \frac{10\,\%}{85\,\%} = \frac{0{,}10}{0{,}85}$.

Hinweis: Man kann den Sachverhalt mithilfe eines geeigneten Baumdiagramms darstellen. Die Frage bezieht sich auf eine Wahrscheinlichkeit der 2. Stufe des folgenden Diagramms:

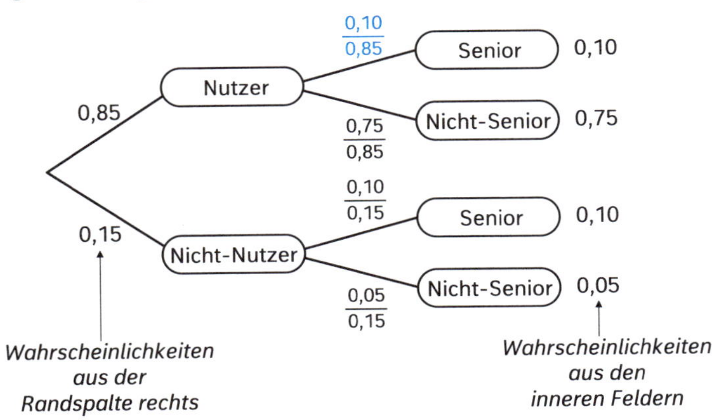

Hilfsmittelfreie Aufgabe 3 *Originalaufgabe der Zentralen Klausur 2017*

Gegeben ist die Funktion f mit der Gleichung $f(x) = -x^3 + 2 \cdot x^2$, $x \in \mathbb{R}$.

Die Abbildung zeigt den Graphen von f.

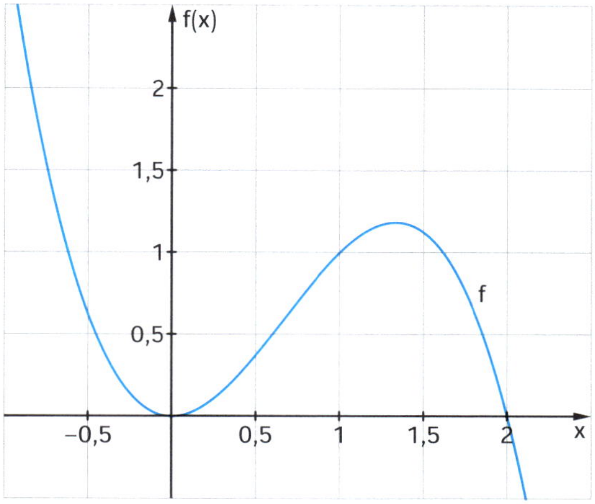

a) Bestimmen Sie rechnerisch eine Gleichung der Tangente t an den Graphen von f im Punkt P (1|1). A3 F8

b) (1) Geben Sie die Koordinaten eines Punktes A an, in dem der Graph von f die Steigung Null hat. G1
(2) Geben Sie die Koordinaten eines Punktes $B(x_B | y_B)$ an, so dass die Ableitung von f an der Stelle x_B negativ ist. G2

Lösung

a) Für die Gleichung einer Tangente t durch einen Punkt $(a | f(a))$ gilt:
$t(x) = f'(a) \cdot (x - a) + f(a)$.
Hier ist: $f'(x) = -3x^2 + 4x$, also $f'(1) = 1$, daher $t(x) = 1 \cdot (x - 1) + 1 = x$.

Die Tangente an den Graphen der Funktion verläuft also durch den Ursprung (Halbierende des 1. und 3. Quadranten).

b) (1) Da keine Rechnung verlangt ist, kann man einen solchen Punkt am Graphen ablesen: Beispielsweise hat der Graph im Punkt A (0 | 0) die Steigung 0.

Mit Rechnung: $f'(x) = 0 \Leftrightarrow x \cdot (-3x + 4) = 0 \Leftrightarrow x = 0 \vee x = \frac{4}{3}$.

Der Graph von f hat also außerdem im Punkt $\left(\frac{4}{3} \,|\, f\left(\frac{4}{3}\right)\right)$ die Steigung 0.

(2) Da keine Rechnung verlangt ist, kann man einen solchen Punkt am Graphen ablesen: Beispielsweise hat der Punkt an der Nullstelle rechts eine negative Steigung, also im Punkt B(2|0).

Mit Rechnung: Da die beiden Nullstellen von $f'(x)$ bei $x = 0$ und $x = \frac{4}{3}$ liegen und der Graph zwischen diesen beiden Nullstellen der 1. Ableitung positiv ist (z. B. $f'(1) = 1$), ist die Ableitung für $x < 0$ und für $x > \frac{4}{3}$ negativ.

Hilfsmittelfreie Aufgabe 4 *Originalaufgabe der Zentralen Klausur 2017*

In einer Urne befinden sich schwarze (s) und weiße (w) Kugeln, die zusätzlich entweder mit dem Buchstaben A oder dem Buchstaben B beschriftet sind. Aus der Urne wird eine Kugel gezogen. Dieses Zufallsexperiment ist in dem folgenden unvollständig beschrifteten Baumdiagramm dargestellt.

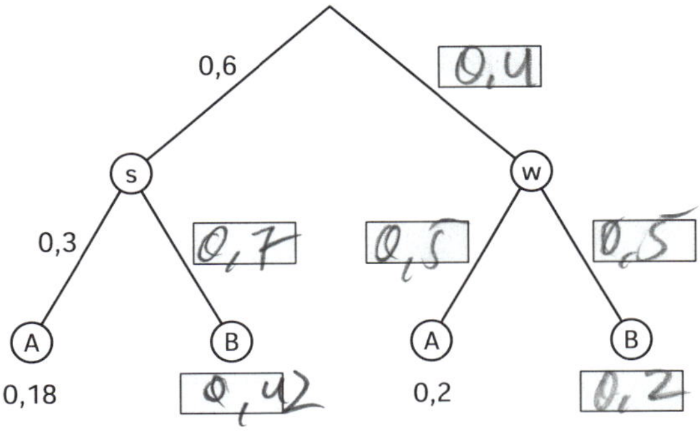

a) Ermitteln Sie die fehlenden Wahrscheinlichkeiten und geben Sie diese in den Rechtecken im Baumdiagramm an. I1

b) Von der gezogenen Kugel wird zunächst nur bekannt gegeben, dass sie mit dem Buchstaben A beschriftet ist.
Stellen Sie einen Term für die Wahrscheinlichkeit auf, dass es sich um eine schwarze Kugel handelt. I3
[Eine Berechnung der Wahrscheinlichkeit ist nicht erforderlich.]

Lösung

a) Die fehlenden Wahrscheinlichkeiten erhält man wie folgt:

0,7 – als Komplementärwahrscheinlichkeit zu 0,3
0,42 – durch Anwendung der Pfadmultiplikationsregel
0,4 – als Komplementärwahrscheinlichkeit zu 0,6
0,5 links – durch Rückwärtsrechnen: Pfadwahrscheinlichkeit dividiert durch Wahrscheinlichkeit auf der 1. Stufe, also $\frac{0,2}{0,4} = 0,5$

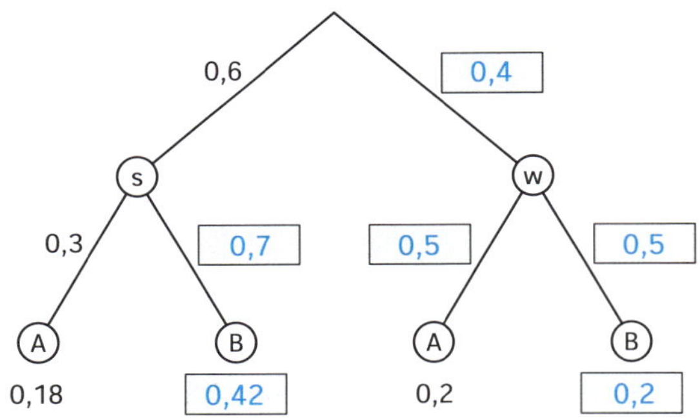

0,5 rechts – als Komplementärwahrscheinlichkeit zu 0,5

b) Darstellung der Informationen in Form einer Vierfeldertafel:

Beschriftung \ Farbe	s	w	gesamt
A	0,18	0,2	0,38
B	0,42	0,2	0,62
gesamt	0,6	0,4	1

Die Wahrscheinlichkeiten für $P(A) = 0,38$ und $P(B) = 0,62$ erhält man durch Addition der Pfadwahrscheinlichkeiten:
$P(A) = P(s \cap A) + P(w \cap A) = 0,18 + 0,2 = 0,38$
$P(B) = P(s \cap B) + P(w \cap B) = 0,42 + 0,2 = 0,62$

Für die Wahrscheinlichkeit für s unter der Bedingung A (d. h., wenn man weiß, dass die Kugel mit A beschriftet ist) gilt:

$$P_A(s) = \frac{P(A \cap s)}{P(A)} = \frac{0,18}{0,38} = \frac{9}{19}$$

Hilfsmittelfreie Aufgabe 5 *Originalaufgabe der Zentralen Klausur 2016*

Gegeben ist die Funktion f mit der Gleichung $f(x) = \frac{1}{3} \cdot x^3 - 5 \cdot x^2 + 16 \cdot x - 2$.

Untersuchen Sie die Funktion f rechnerisch auf lokale Minimal- und Maximalstellen.

F7 G1 G2 G3

Lösung

Ableitung: $f'(x) = x^2 - 10x + 16$

notwendige Bedingung: $f'(x) = 0 \Leftrightarrow x^2 - 10x + 5^2 = -16 + 25 \Leftrightarrow (x-5)^2 = 9$
$\Leftrightarrow x = 5 - 3 = 2 \vee x = 5 + 3 = 8$

Aus den Nullstellen der Ableitungsfunktion ergibt sich die Darstellung von $f'(x)$ als Produkt von Linearfaktoren: $f'(x) = (x-2) \cdot (x-8)$.

Untersuchung von $f'(x)$ auf Vorzeichenwechsel:

Intervall	Beispiel	$f'(a)$	Monotonie
$x < 2$	$a = 0$	$16 > 0$	streng monoton steigend
$2 < x < 8$	$a = 5$	$-9 < 0$	streng monoton fallend
$x > 8$	$a = 10$	$16 > 0$	streng monoton steigend

Monotonie/Extremstellen:
Aus dem Vorzeichenwechsel von $f'(x)$ von + nach − an der Stelle $x = 2$ ergibt sich ein lokales Maximum bei $x = 2$, aus dem Vorzeichenwechsel von $f'(x)$ von − nach + an der Stelle $x = 8$ ergibt sich ein lokales Minimum bei $x = 8$.

Hilfsmittelfreie Aufgabe 6 *Originalaufgabe der Zentralen Klausur 2016*

Beim Spiel „Die wilde 8" wird das Glücksrad mit den beiden Zahlen 0 und 8 (siehe Abbildung) zweimal gedreht.

a) Erstellen Sie für dieses Zufallsexperiment ein vollständig beschriftetes Baumdiagramm mit allen Pfadwahrscheinlichkeiten.

I1

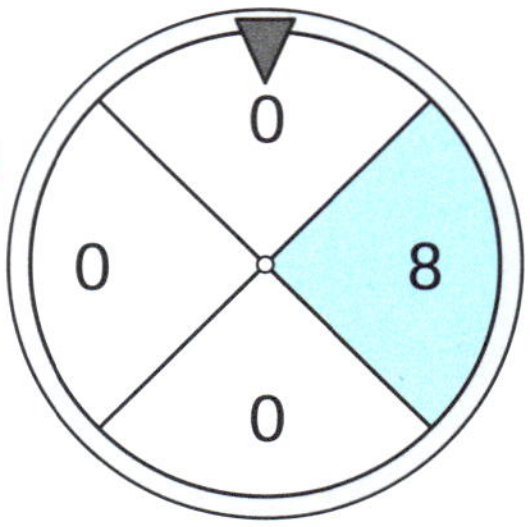

b) Die beiden Zahlen in den Feldern, auf die jeweils der Pfeil zeigt, werden addiert.
   (1) Berechnen Sie die Wahrscheinlichkeiten dafür, dass sich
   - die Summe 0 ergibt,
   - die Summe 8 ergibt,
   - die Summe 16 ergibt.

(2) Der Spieleinsatz für das zweimalige Drehen des Glücksrades beim Spiel „Die wilde 8" beträgt 8 €.
- Bei der Summe 0 gibt es keine Auszahlung, der Spieleinsatz ist verloren.
- Bei der Summe 8 wird der Spieleinsatz zurückgezahlt.
- Bei der Summe 16 wird der zehnfache Spieleinsatz ausgezahlt.

Der Spielleiter behauptet, das Spiel sei „fair". Das heißt, dass ein Spieler auf lange Sicht weder Gewinn noch Verlust macht.
Untersuchen Sie, ob es sich wirklich um ein faires Spiel handelt. I2

Lösung

a) Baumdiagramm: siehe rechts.

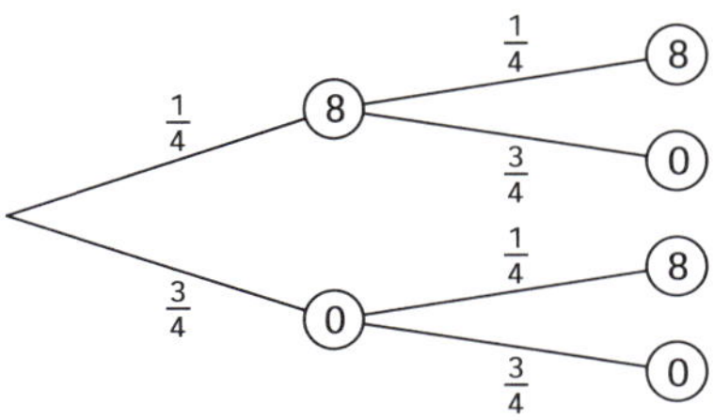

b) (1) Die Wahrscheinlichkeiten bestimmt man mithilfe der Pfadregeln:

$P(\text{„Summe 0“}) = \frac{3}{4} \cdot \frac{3}{4} = \frac{9}{16}$

$P(\text{„Summe 8“}) = 2 \cdot \frac{3}{4} \cdot \frac{1}{4} = \frac{6}{16} = \frac{3}{8}$

$P(\text{„Summe 16“}) = \frac{1}{4} \cdot \frac{1}{4} = \frac{1}{16}$

(2) Wird das Spiel sehr oft durchgeführt, z. B. n = 160-mal, dann sind folgende Auszahlungsbeträge zu erwarten:

Auszahlung in €	Wahrscheinlichkeit	zu erwartende Häufigkeit in 160 Spielen	zu erwartende Auszahlung in €
0	$\frac{9}{16}$	90	0
8	$\frac{6}{16}$	60	480
80	$\frac{1}{16}$	10	800
Kontrollfelder	1	160	1280

Da bei jedem Spiel 8 € Spieleinsatz verlangt wird, müssen für 160 Spiele insgesamt $160 \cdot 8$ € = 1280 € Einsatz bezahlt werden, also der Betrag, der auch als Auszahlungsbetrag zu erwarten ist. Das Spiel hat also eine faire Spielregel.

Alternativ kann auch der zu erwartende Gewinn berechnet werden

Gewinn in €	Wahrscheinlichkeit	zu erwartende Häufigkeit in 160 Spielen	zu erwartender Gewinn in €
−8	$\frac{9}{16}$	90	−720
0	$\frac{6}{16}$	60	0
72	$\frac{1}{16}$	10	720
Kontrollfelder	1	160	0

Auf lange Sicht werden durchschnittlich 8 € pro Spiel ausgezahlt, d. h. ein Spieler erhält seinen Einsatz zurück. Das Spiel ist also fair.

Die Berechnung der zu erwartenden Auszahlung bzw. des Gewinns kann auch direkt erfolgen:

$0 \cdot \frac{9}{16} + 8 \cdot \frac{6}{16} + 80 \cdot \frac{1}{16} = 8$ bzw. $(-8) \cdot \frac{9}{16} + 0 \cdot \frac{6}{16} + 72 \cdot \frac{1}{16} = 0.$

Aufgaben mit Hilfsmitteln

Aufgabe 1 *Originalaufgabe der Zentralen Klausur 2018*

Gegeben ist die Funktion f mit der Gleichung $f(x) = x^4 - 8 \cdot x^3 + 6 \cdot x^2 + 40 \cdot x,\ x \in \mathbb{R}$.

Der Graph der Funktion f ist in der folgenden Abbildung dargestellt.

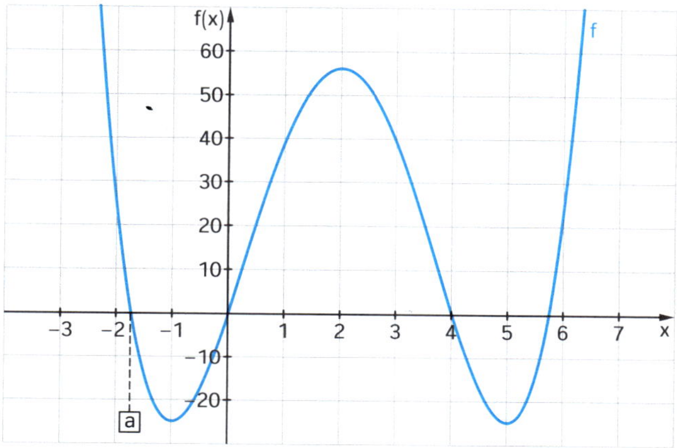

a) Ermitteln Sie die in der Abbildung markierte Nullstelle a auf zwei Nachkommastellen genau.

b) Weisen Sie rechnerisch nach, dass $x = 2$ eine lokale Maximalstelle der Funktion f ist. G2 G3

c) (1) Zeichnen Sie die Sekante s_1 durch die Punkte $H_1(2|56)$ und $P_1(4|0)$ des Graphen von f in die Abbildung ein und berechnen Sie die Steigung von s_1. A1

(2) Bestimmen Sie rechnerisch eine Gleichung der Tangente t an den Graphen von f im Punkt $P_1(4|0)$. A3 F8

[Zur Kontrolle: Die Steigung von t ist $m_t = -40$.]

(3) Zeichnen Sie die Tangente t in die Abbildung ein.

(4) Die Steigung einer Sekante s_2 durch den Punkt $P_1(4|0)$ und einen weiteren Punkt P_2 des Graphen von f soll sich um weniger als 0,1 von der Steigung der Tangente t unterscheiden.

Ermitteln Sie durch systematisches Probieren die Koordinaten eines Punktes P_2 so, dass diese Bedingung erfüllt ist. F1 F2

d) Der Graph der Funktion f wird nacheinander folgenden Transformationen unterzogen:

- Der Graph wird in Richtung der y-Achse so gestaucht, dass der gestauchte Graph den lokalen Hochpunkt $H_2(2|28)$ besitzt.
- Im Anschluss wird der gestauchte Graph um drei Einheiten nach rechts verschoben.

Die Funktion, die zum so veränderten Graphen gehört, wird mit g bezeichnet.

Geben Sie eine Gleichung von g an. E1 E3

[Hinweis: Eine Vereinfachung der Gleichung von g ist nicht erforderlich.]

Lösung

a) Gesucht ist die kleinste Nullstelle der Funktion f.
Mithilfe des GTR findet man a ≈ −1,74 (Abbildung unten links).

Hinweis: Eine Lösung der Gleichung im Calculator-Menü könnte misslingen, da eine Nullstelle bei x = 0 liegt und der GTR nur diese Nullstelle findet. Daher kann man im Funktionsterm f(x) die Variable x ausklammern und ersatzweise die Nullstelle(n) von $h(x) = x^3 - 8x^2 + 6x + 40$ bestimmen. Der GTR findet als kleinste Nullstelle dann die gesuchte Nullstelle a ≈ −1,74 (Abbildung rechts).

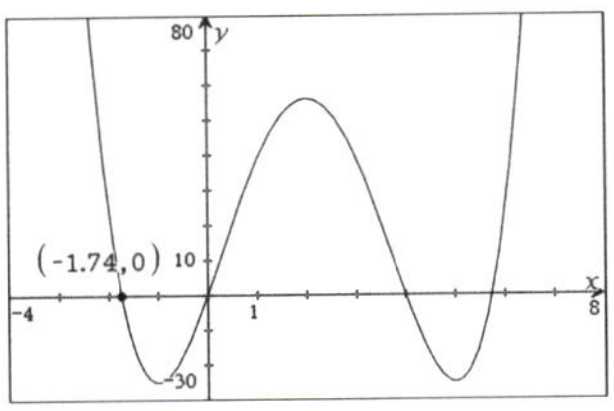

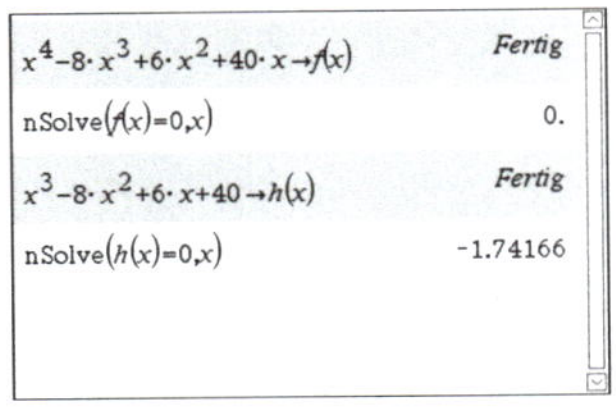

b) Für die 1. Ableitung gilt: $f'(x) = 4x^3 - 24x^2 + 12x + 40$.

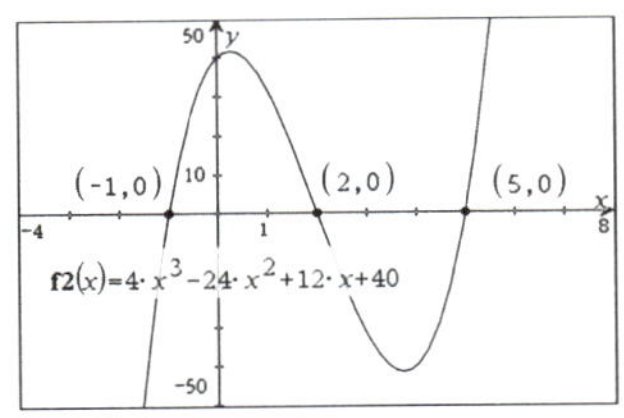

Notwendige Bedingung: Die Nullstellen der Ableitungsfunktion liegen bei x = −1, x = +2 und bei x = +5. Diese Nullstellen kann man mithilfe des GTR ermitteln.

Durch Einsetzen der x-Werte muss dies rechnerisch bestätigt werden (gemäß Aufgabenstellung genügt der Nachweis für x = 2):

$f'(-1) = 4 \cdot (-1)^3 - 24 \cdot (-1)^2 + 12 \cdot (-1) + 40 = -4 - 24 - 12 + 40 = 0,$
$f'(2) = 4 \cdot 2^3 - 24 \cdot 2^2 + 12 \cdot 2 + 40 = 32 - 96 + 24 + 40 = 0,$
$f'(5) = 4 \cdot 5^3 - 24 \cdot 5^2 + 12 \cdot 5 + 40 = 500 - 600 + 60 + 40 = 0.$

Hinreichende Bedingung: Am Graphen der Ableitungsfunktionen kann man ablesen, dass die Nullstellen der 1. Ableitung mit einem Vorzeichenwechsel verbunden sind, bei x = 2 mit einem Wechsel von + nach −, d. h. für den Graphen von f: mit einem Übergang von streng monoton wachsendem Verlauf zu einem streng monoton fallenden Verlauf.

Der rechnerische Nachweis hierfür erfolgt durch Einsetzen zweier Stellen links und rechts von x = 2:
$f'(0) = 40 > 0$ [man könnte auch x = 1 einsetzen: $f'(1) = 4 \cdot 1^3 - 24 \cdot 1^2 + 12 \cdot 1 + 40 > 0$],
$f'(3) = 4 \cdot 3^3 - 24 \cdot 3^2 + 12 \cdot 3 + 40 = 108 - 216 + 36 + 40 < 0.$

An der Stelle x = 2 liegt also eine lokale Maximalstelle des Graphen vor.

c) (1)

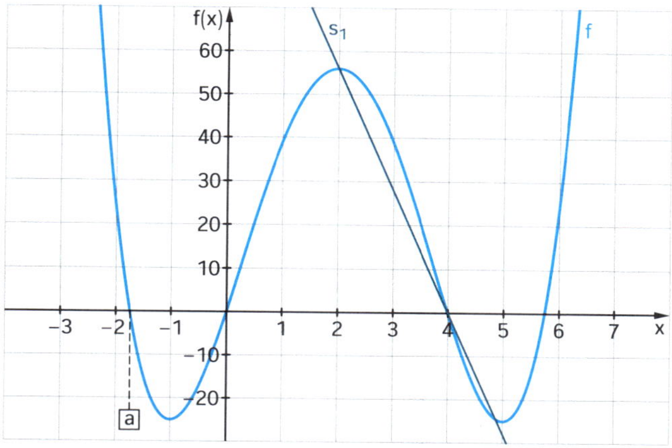

Die Steigung der Sekante ergibt sich aus dem Differenzenquotient:

$m_{s_1} = \frac{0 - 56}{4 - 2} = -28.$

(2) Um die Gleichung der Tangente zu bestimmen, benötigt man die Steigung und die Koordinaten eines Punktes, der auf der Tangenten liegt. Hier ist der Berührpunkt $P_1\,(4|0)$ gegeben. Für die Steigung an der Stelle $x = 4$ gilt:

$f'(4) = 4 \cdot 4^3 - 24 \cdot 4^2 + 12 \cdot 4 + 40 = 256 - 384 + 48 + 40 = -40,$
also:

$t(x) = f'(4) \cdot (x - 4) + f(4) = -40 \cdot (x - 4) + 0 = -40\,x + 160.$

(3)

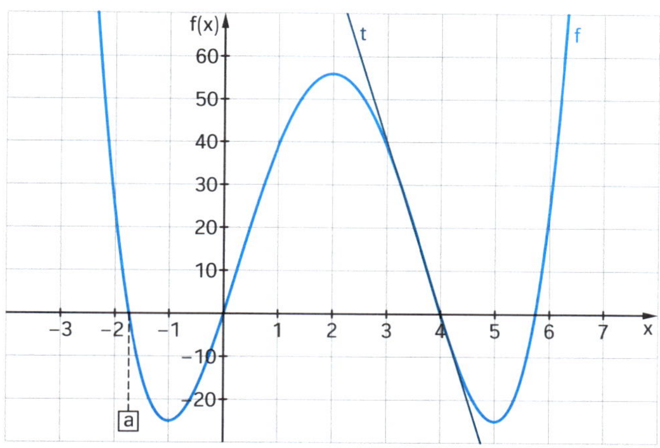

(4) Die Sekantensteigung von s(x) weicht nur geringfügig von der Tangentensteigung $m_t = -40$ ab, wenn P_2 in der Nähe von P_1 gewählt wird.

Durch Probieren findet man heraus, dass alle Punkte $P_2\,(x\,|\,f(x))$ mit $3{,}983 < x < 4$ bzw. $4 < x < 4{,}015$ diese Bedingung erfüllen.

Gemäß der Aufgabenstellung genügt es, einen solchen Punkt anzugeben.

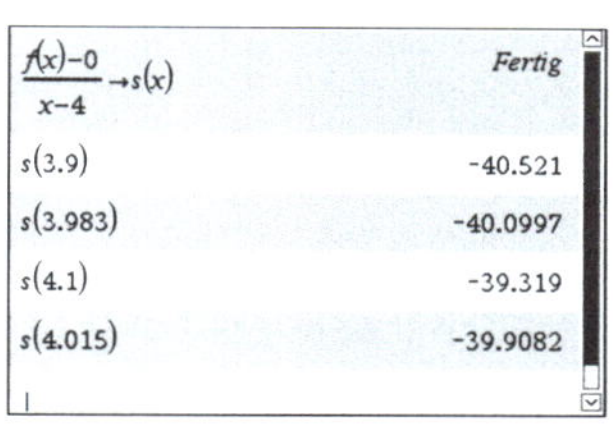

d) Der lokale Hochpunkt von f hat die Koordinaten $H_1(2|56)$, da $f(2) = 56$.

Wenn der gestauchte Graph den Hochpunkt $H_2(2|28)$ hat, lautet der gesuchte Streckungsfaktor $k = \frac{1}{2}$.

Um einen Graphen um 3 Einheiten nach rechts zu verschieben, muss man im Funktionsterm die Variable x durch $(x - 3)$ ersetzen.

Die gesuchte Funktion g erfüllt also die Funktionsgleichung

$g(x) = \frac{1}{2} \cdot f(x - 3)$.

√ **Aufgabe 2** *Originalaufgabe der Zentralen Klausur 2018*

Aufgrund ergiebiger Regenfälle wurde in der zweiten Oktoberhälfte 2016 am Rhein ein Ansteigen des Wassers beobachtet.

Am 20.10.2016 um 0:00 Uhr wurde an der Messstelle in Bonn ein Wasserstand von 130 cm gemessen. Das Wasser begann dann zu steigen und nach einiger Zeit zunächst wieder zu sinken.

Eine Schülerin verwendet die auf $\mathbb{R}$ definierte Funktion h mit der Funktionsgleichung

$h(t) = -\frac{80}{27} \cdot t^3 + \frac{40}{3} \cdot t^2 + 130$

für $0 \leq t \leq 3{,}5$, um den Wasserstand des Rheins an der Messstelle in Bonn im Zeitraum vom 20.10.2016, 0:00 Uhr, bis zum 23.10.2016, 12:00 Uhr, zu modellieren.

Dabei entspricht z. B. $t = 0$ der Zeit 0:00 Uhr am 20.10.2016, $t = 1$ der Zeit 0:00 Uhr am 21.10.2016 und $t = 3{,}5$ der Zeit 12:00 Uhr am 23.10.2016. $h(t)$ ist der Wasserstand des Rheins an der Messstelle in Bonn in cm.

Der Graph von h ist in der Abbildung dargestellt.

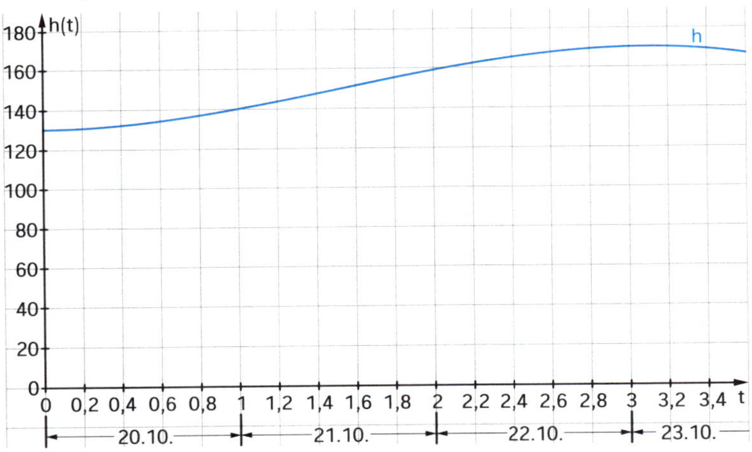

Mit der Funktion h ist es möglich, die Aufgaben a) bis d) zu bearbeiten.

a) Berechnen Sie den Wasserstand des Rheins an der Messstelle in Bonn am 21.10.2016 um 12:00 Uhr. C1

b) Berechnen Sie $\frac{h(3) - h(1)}{2}$ und interpretieren Sie den berechneten Wert im Sachzusammenhang. F1 F2

c) Ermitteln Sie rechnerisch den niedrigsten und höchsten Wasserstand im betrachteten Zeitraum. G2 G3 G4

d) Bestimmen Sie rechnerisch, wie lange der Wasserstand im betrachteten Zeitraum zwischen 140 cm und 150 cm lag. G1

In der folgenden Aufgabe e) wird der Wasserstand in einem über den 23.10.2016 hinausgehenden Zeitraum betrachtet.

e) In der folgenden Abbildung 2 ist der Wasserstand im Zeitraum vom 20.10.2016, 0:00 Uhr (t = 0), bis zum 23.10.2016, 12:00 Uhr (t = 3,5), in einem erweiterten Koordinatensystem dargestellt.
Die Abbildung 2 zeigt die momentane Änderungsrate des Wasserstandes im verlängerten Zeitraum vom 20.10.2016, 0:00 Uhr, bis zum 28.10.2016, 12:00 Uhr (t = 8,5).

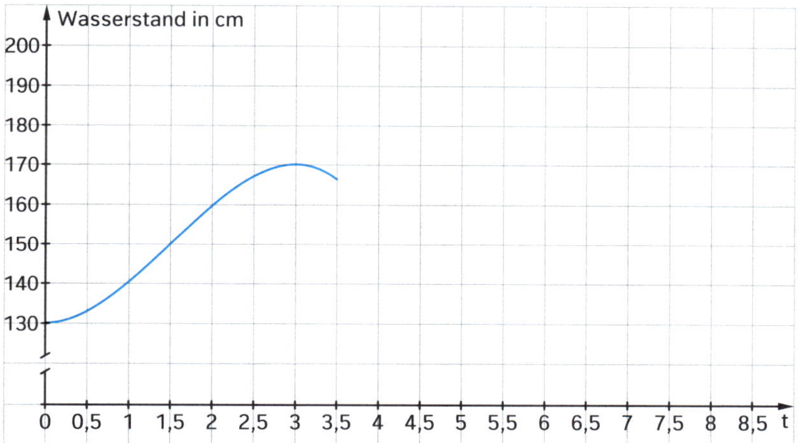

Abb. 2

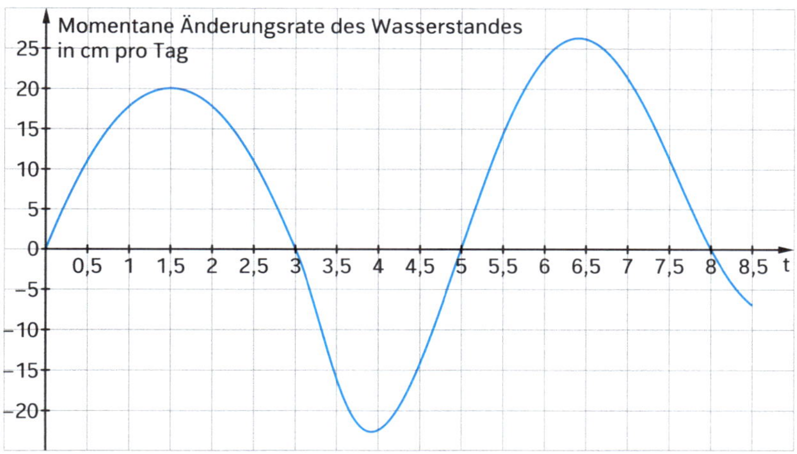

Abb. 3

Skizzieren Sie, passend zu der in Abbildung 3 gegebenen momentanen Änderungsrate, in Abbildung 2 den weiteren Verlauf des Wasserstandes bis zum 28.10.2016, 12:00 Uhr. H2

Lösung

a) Der Zeitpunkt 12:00 Uhr am 21.10.2016 entspricht dem t-Wert t = 1,5. Es gilt: $h(1{,}5) = 150$.

Am 21.10.2016 um 12:00 Uhr betrug der Wasserstand an der Messstelle in Bonn 150 cm.

b) $h(1) = \frac{3790}{27} \approx 140{,}37$ (cm) entspricht dem Pegelstand am 21.10.2016 um 0:00 Uhr, $h(3) = 170$ (cm) dem Pegelstand am 23.10.2016 um 0:00 Uhr. Zwischen diesen beiden Zeitpunkten sind $\Delta t = 2$ Tage vergangen. Durch den Quotienten wird das durchschnittliche Wachstum des Pegelstands beschrieben.

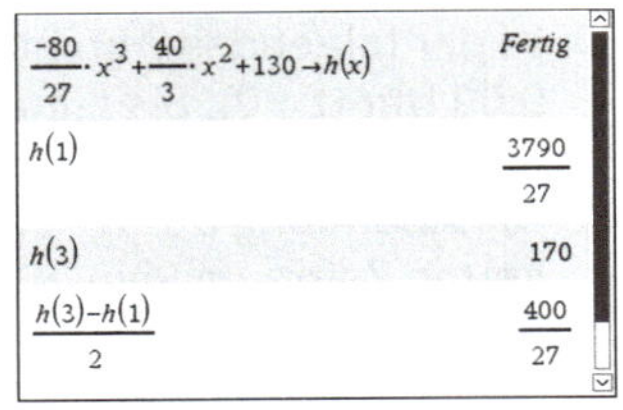

Es gilt

$$\frac{h(3) - h(1)}{2} = 400/27 \approx 14{,}8.$$

Im Zeitraum vom 21.10.2016, 0:00 Uhr, bis zum 23.10.2016, 0:00 Uhr, stieg das Wasser des Rheins am Pegel in Bonn mit einer Durchschnittsgeschwindigkeit von ungefähr 14,8 cm pro Tag an.

c) 1. Ableitung: $h'(t) = -\frac{80}{9}\cdot t^2 + \frac{80}{3}\cdot t = -\frac{80}{9}\cdot t\cdot(t-3)$

Notwendige Bedingung: $h'(t) = 0 \Leftrightarrow t = 0 \vee t = 3$

Hinreichende Bedingung:

Intervall	**Beispiel**	$\mathbf{h'(t) = -\frac{80}{9}\cdot t\cdot(t-3)}$	**Monotonie**
$0 < t < 3$	$t = 1$	$h'(1) = -\frac{80}{9}\cdot 1\cdot(1-3) > 0$	steigend
$t > 3$	$t = 4$	$h'(4) = -\frac{80}{9}\cdot 4\cdot(4-3) < 0$	fallend

Hinweis: Die Modellierungsfunktion ist für $t < 0$ nicht definiert. Da der Graph rechts von $t = 0$ zunächst ansteigt, liegt an der Stelle $t = 0$ ein lokales und absolutes Minimum mit $T(0\,|\,130)$ vor.

h′ hat einen VZW von + nach – an der Stelle $t = 3$, d. h., an der Stelle $t = 3$ liegt ein lokales Maximum mit $H(3\,|\,170)$ vor.

Untersuchung des rechten Randwerts im Modellierungsintervall $0 \le t \le 3{,}5$: siehe rechts.

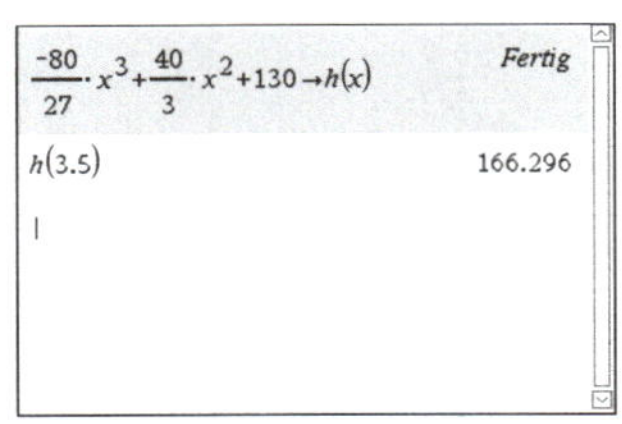

Da der Pegelstand bei $t = 3{,}5$ niedriger ist als beim lokalen Maximum bei $t = 3$, ist $H(3\,|\,170)$ auch absolutes Maximum. Im betrachteten Zeitraum beträgt der niedrigste Wasserstand 130 cm, der höchste 170 cm.

d) Für einen Wasserstand zwischen 140 cm und 150 cm kommen nur Zeitpunkte zwischen t = 0 und t = 3 infrage. In diesem Intervall steigt der Graph von h streng monoton an.

Daher genügt es, die Gleichungen h(t) = 140 und h(t) = 150 zu lösen (siehe rechts).

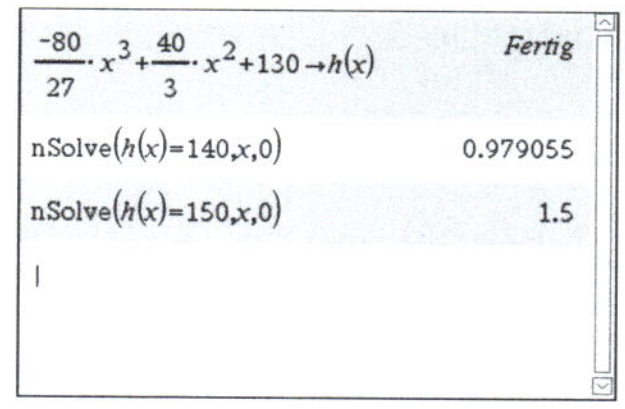

Für die Lösung der Gleichung 3. Grades muss der GTR eingesetzt werden; dabei muss man einen Startwert für die numerische Bestimmung der Lösung vorgeben (da sonst der GTR eine Lösung außerhalb des Modellierungsintervalls angibt).

Die Gleichung h(t) = 140 hat im Intervall [0; 3,5] nur eine Lösung t_1 mit $t_1 \approx 0{,}98$, die Gleichung h(t) = 150 hat im Intervall [0; 3,5] nur die Lösung t = 1,5.

Damit gilt: Die Länge des Zeitraumes zwischen dem 20.10.2016, 0:00 Uhr, und dem 23.10.2016, 12:00 Uhr, in dem der Wasserstand an der Messstelle in Bonn zwischen 140 cm und 150 cm gelegen hat, beträgt ungefähr 0,5 Tage.

e) Aus dem Graphen der momentanen Änderungsrate h′(t) ergibt sich für den weiteren Verlauf des Wasserstands:

für 3,5 < t < 5 gilt: h′(t) < 0, d. h., der Wasserstand nimmt bis zum Zeitpunkt t = 5 ab;
für 5 < t < 8 gilt: h′(t) > 0, d. h., der Wasserstand nimmt bis zum Zeitpunkt t = 8 wieder zu;
für 8 < t < 8,5 gilt: h′(t) < 0, d. h., der Wasserstand nimmt von t = 8 an wieder ab.

Zusätzliche Beobachtung: Da der Zeitraum zwischen den Nullstellen von h′ bei t = 0 und t = 3 genauso groß ist wie der Zeitraum zwischen t = 5 und t = 8, die Werte von h′(t) jedoch im zweiten Intervall [5; 8] größer werden als im ersten Intervall [0; 3], wird der Wasserstand im zweiten Intervall um einen größeren Betrag anwachsen als im ersten Intervall.

Folgende Skizze entspricht den Beobachtungen:

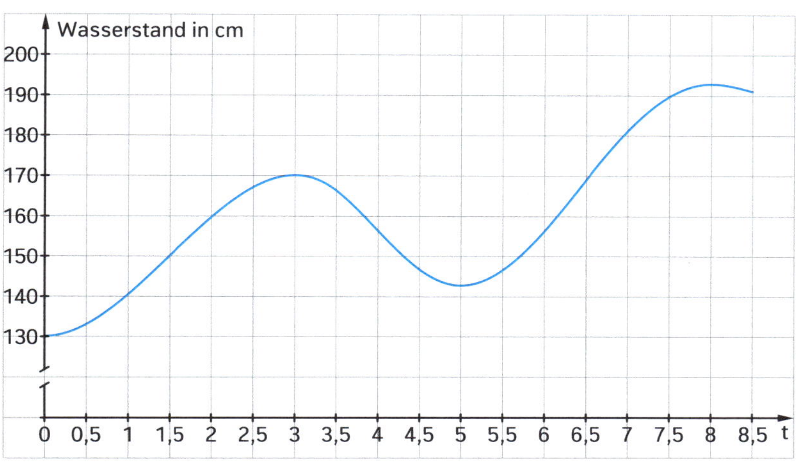

Aufgabe 3 *Originalaufgabe der Zentralen Klausur 2017*

Gegeben ist die Funktion f mit der Gleichung $f(x) = \frac{1}{4} \cdot x^4 - 2 \cdot x^2 + 2,\ x \in \mathbb{R}$.

a) Bestimmen Sie (gerundet auf zwei Nachkommastellen) die Nullstellen der Funktion f. E4

b) Zeigen Sie rechnerisch, dass $x = 2$ eine lokale Minimalstelle der Funktion f ist. G1 G3

c) Ausgehend von der Funktion f ist eine neue Funktion g mit der Gleichung

$$g(x) = f(x) - \frac{3}{2} \cdot x = \frac{1}{4} \cdot x^4 - 2 \cdot x^2 - \frac{3}{2} \cdot x + 2,\ x \in \mathbb{R},$$

gegeben. Die Abbildung 1 zeigt den Graphen von f, die Abbildung 2 zeigt den Graphen von g.
Nennen Sie zwei Unterschiede der Graphen von f und g.

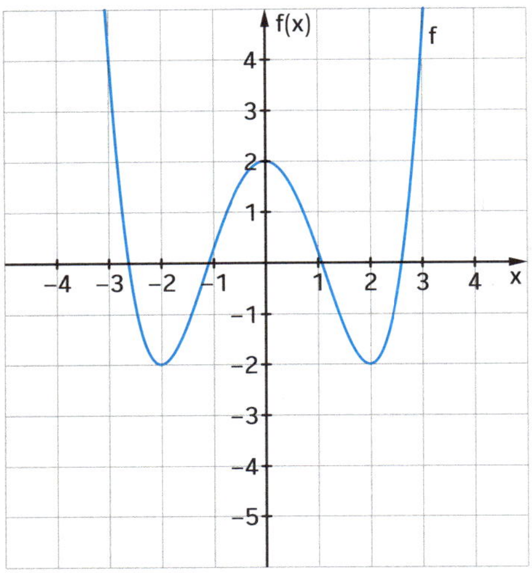

Abbildung 1

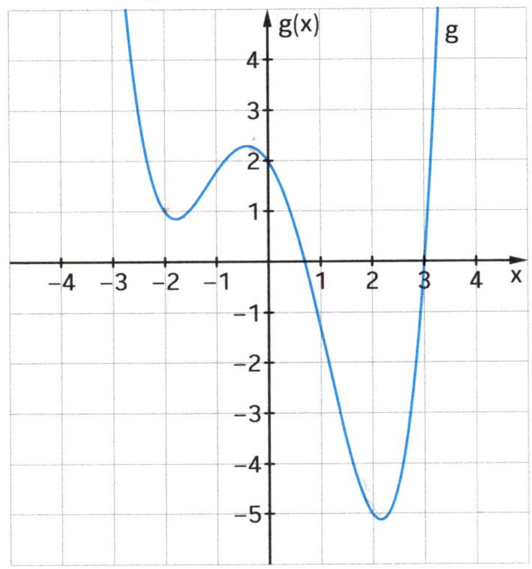

Abbildung 2

d) Die Gerade $t\colon y = -\frac{3}{2} \cdot x - 2$ ist die Tangente an den Graphen von g im Punkt $P(-2 \mid 1)$.

[Hinweis: Ein Nachweis, dass t die Tangente an den Graphen von g im Punkt P ist, ist nicht erforderlich.]

(1) Zeichnen Sie die Tangente t in die Abbildung 2 ein. F8

(2) Zeigen Sie rechnerisch, dass t auch in einem weiteren Punkt Q Tangente an den Graphen von g ist. F8 D2 C2

e) Der Graph von g wird nun um 2 Einheiten nach rechts verschoben. Der verschobene Graph wird anschließend so weit nach unten verschoben, bis die Gerade t in zwei Punkten Tangente an den neuen Graphen ist.
Geben Sie an, um wie viele Einheiten der nach rechts verschobene Graph dazu nach unten verschoben werden muss, und begründen Sie Ihre Angabe. E3 E2

Lösung

a) Da nur Potenzen von x mit geradem Exponenten auftreten, ist der Graph achsensymmetrisch zur y-Achse.
Daher genügt es, die Nullstellen im negativen Bereich zu ermitteln (vgl. GTR-Bild links).
Die Nullstellen liegen bei $x_{01} \approx -2{,}61$; $x_{02} \approx -1{,}08$; $x_{03} \approx +1{,}08$; $x_{04} \approx +2{,}61$.

Bei der numerischen Lösung der Gleichung $f(x) = 0$ muss noch ein Startwert eingegeben werden, damit der GTR die verschiedenen Nullstellen findet.

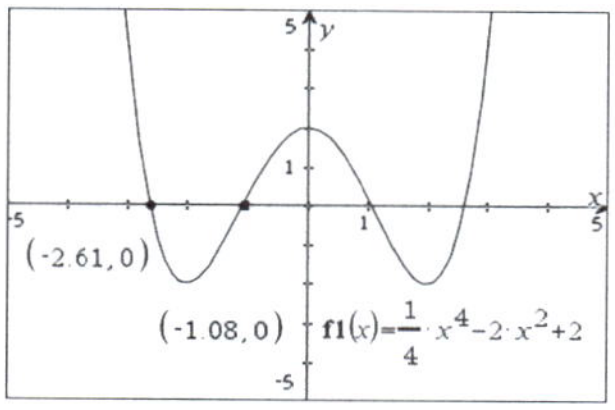

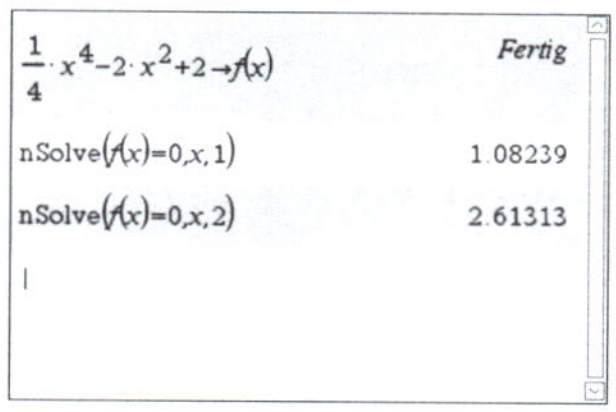

b) Notwendige Bedingung:
$f'(x) = x^3 - 4x = x \cdot (x^2 - 4) = x \cdot (x - 2) \cdot (x + 2)$
$f'(x) = 0 \Leftrightarrow x \cdot (x^2 - 4) = 0 \Leftrightarrow x = 0 \vee x = 2 \vee x = -2$

Mithilfe einer Vorzeichentabelle kann man die Monotonieintervalle bestimmen:

Intervall	Vorzeichen von $(x + 2) \cdot x \cdot (x - 2)$	Beispiel	Monotonie: Graph streng monoton ...
$x < -2$	$(-) \cdot (-) \cdot (-) = (-)$	$f'(-3) = -27 + 12 = -15 < 0$	fallend
$-2 < x < 0$	$(+) \cdot (-) \cdot (-) = (+)$	$f'(-1) = -1 + 4 = +3 > 0$	steigend
$0 < x < 2$	$(+) \cdot (+) \cdot (-) = (-)$	$f'(1) = 1 - 4 = -3 < 0$	fallend
$x > 2$	$(+) \cdot (+) \cdot (+) = (+)$	$f'(3) = 27 - 12 = 15 > 0$	steigend

Da an der Stelle $x = 2$ ein Vorzeichenwechsel von $f'(x)$ von − nach + vorliegt (Übergang von einem streng monoton fallenden Verlauf zu einem streng monoton steigenden Verlauf), liegt an dieser Stelle eine Minimalstelle vor.

Hinweis: Die Aufgabenstellung wäre auch erfüllt gewesen, wenn man $f'(2)$ ausrechnet, also $f'(2) = 0$ zeigt, und sich dann auf den Vorzeichenwechsel an dieser Stelle beschränkt. Allerdings muss man wissen, welche Beispiele für die Bestimmung des Vorzeichens von $f'(x)$ gewählt werden dürfen – es dürfen keine Beispiele sein, die in einem anderen Monotonieintervall liegen.

c) Beispiele:
- Symmetrie: Der Graph von f ist achsensymmetrisch zur y-Achse (da im Funktionsterm nur Potenzen von x mit geradem Exponenten auftreten); der Graph von g ist nicht achsensymmetrisch.
- Nullstellen: Der Graph von f hat 4 Nullstellen,der Graph von g 2 Nullstellen.
- Lage der Extrempunkte: Die Koordinaten der Extrempunkte von f sind ganzzahlig, die von g nicht ganzzahlig.

d) (1) Zeichnung siehe rechts

Herleitung der Tangentengleichung (nicht verlangt):

$g'(x) = x^3 - 4x - 1{,}5$; $g'(-2) = -1{,}5$

$t(x) = g'(-2) \cdot (x + 2) + g(-2)$

$= -1{,}5 \cdot (x + 2) + 1$

$= -1{,}5x - 2$

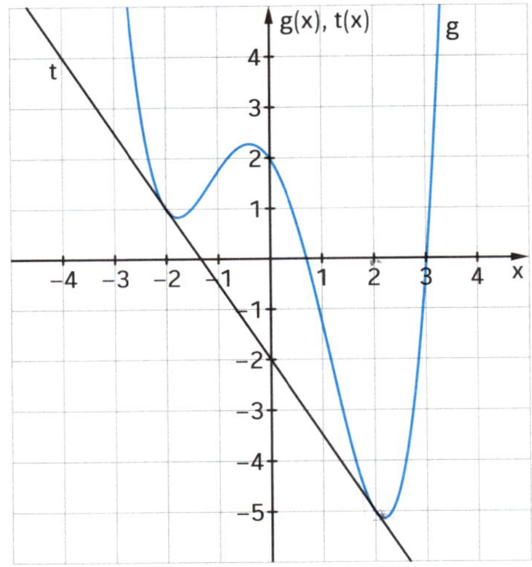

(2) Bestimmung der Schnittpunkte von Tangente und Graph von g:

Da die Tangente t den Graphen von g im Punkt (−2|1) berührt, kann man auch ohne Rechnung sagen, dass die Gleichung

$\frac{1}{4}x^4 - 2x^2 - \frac{3}{2}x + 2 = -\frac{3}{2}x - 2$

$\Leftrightarrow \frac{1}{4}x^4 - 2x^2 + 4 = 0$

die doppelte Lösung $x = -2$ hat (Berührstellen sind doppelte Schnittstellen).

Dies kann man durch Lösung der biquadratischen Gleichung $\frac{1}{4}x^4 - 2x^2 + 4 = 0$ bestätigen:

$\frac{1}{4}x^4 - 2x^2 + 4 = 0 \Leftrightarrow x^4 - 8x^2 + 16 = 0 \Leftrightarrow (x^2 - 4)^2 = 0 \Leftrightarrow x^2 = 4 \Leftrightarrow x = 2 \vee x = -2.$

Wegen $(x^2 - 4)^2 = 0 \Leftrightarrow (x - 2)^2 \cdot (x + 2)^2 = 0$ liegt auch an der Stelle $x = +2$ eine doppelte Schnittstelle vor, d. h., die Tangente t berührt den Graphen auch im Punkt $(2|g(2)) = (2|-5)$.

Dies kann man auch durch eine Kontrollrechnung bestätigen:

Für eine Tangente t_2 an den Graphen von g im Punkt (2|-5) gilt:

$t_2(x) = g'(2) \cdot (x - 2) + (-5) = -1{,}5 \cdot (x - 2) - 5 = -1{,}5x - 2.$

Tangente t_2 stimmt mit Tangente t überein.

Alternative Lösung:

Die Tangente durch die beiden Tiefpunkte (−2|−2) und (2|−2) des Graphen der Funktion f hat die Gleichung $t_f(x) = -2$. Für beide Stellen gilt: $f'(-2) = f'(2) = 0$.

Addiert man zum Funktionsterm von f(x) den Term $-\frac{3}{2}x$, dann ergibt sich der Funktionsterm von g(x). Addiert man zum Funktionsterm der Tangente durch die Tiefpunkte $t_f(x) = -2$ den Term $-\frac{3}{2}x$, dann ergibt sich der Funktionsterm t(x) der Tangente durch (−2|1).

Da $g'(x) = f'(x) - \frac{3}{2}$, gilt sowohl $g'(-2) = f'(-2) - \frac{3}{2} = -\frac{3}{2}$ als auch $g'(2) = f'(2) - \frac{3}{2} = -\frac{3}{2}$, d. h., die Tangentensteigung stimmt in beiden Punkten überein.

Und da $g(2) = f(2) - \frac{3}{2} \cdot 2 = -2 - 3 = -5$ und $t(2) = -1{,}5 \cdot 2 - 2 = -5$, verläuft die Tangente t(x) auch durch den Punkt (2|−5).

Hinweis: Als Lösung wäre auch akzeptiert worden, wenn man aufgrund der Zeichnung in (1) und der GTR-Abbildung die Vermutung aufgestellt hätte, dass die Tangente durch (2|−5) mit der Tangente durch (−2|1) übereinstimmt.

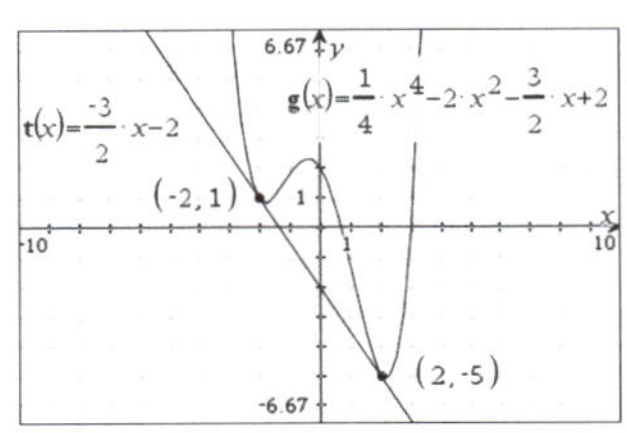

e) Eigentlich genügt das folgende Argument:
An der Skkizze ist ablesbar, dass der um 2 Einheiten nach rechts verschobene Graph um 3 Einheiten nach unten verschoben werden muss, um die Tangente t(x) wieder in zwei Punkten zu berühren.

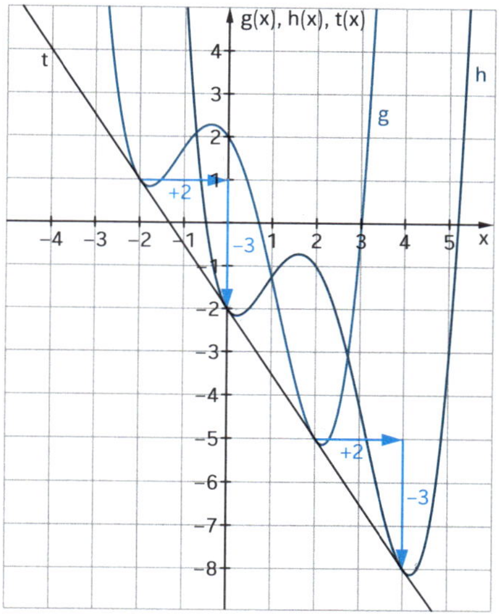

Ausführlicher kann man so überlegen:
Die Funktionsgleichung eines um 2 Einheiten nach rechts verschobenen Graphen erhält man, indem man x im Funktionsterm durch (x − 2) ersetzt.

Nach Aufgabenstellung soll der nach rechts verschobene Graph um b Einheiten nach unten verschoben werden, sodass der neue Graph h wieder die Gerade mit $t(x) = -1{,}5x - 2$ berührt, d. h., die mit dem Graphen von g verschobene Tangente t soll wieder auf sich selbst fallen.
Damit die Tangente von g (x) im Punkt (−2 | 1) auch Tangente für einen Punkt des Graphen von h (x) ist, muss gelten:
$\left[-\frac{3}{2}(x-2)-2\right]+b=-\frac{3}{2}x-2.$

Umformung des Terms: $-\frac{3}{2}x+3-2+b=-\frac{3}{2}x-2 \Leftrightarrow 1+b=-2 \Leftrightarrow b=-3.$

Der um 2 Einheiten nach rechts verschobene Graph muss also um 3 Einheiten nach unten verschoben werden, damit die Tangente t auch Tangente an den Graphen von h ist. Der neue Graph wird von der Geraden t also im Punkt (−2 + 2 | 1 − 3) = (0 | −2) berührt.

Die Überlegungen für den Punkt (− 2|1) gelten analog auch für den Punkt (2|− 5), sodass der verschobene Graph die Tangente im Punkt (2 + 2 | −5 − 3) = (4 | −8) berührt.

Aufgabe 4 *Originalaufgabe der Zentralen Klausur 2017*

Ausgehend von den Daten aus einer Statistik der Vereinten Nationen kann das Durchschnittsalter der Bevölkerung in einem Land A mit Hilfe der Funktion a mit der Gleichung

$a(t) = -0{,}00011 \cdot t^3 + 0{,}0186 \cdot t^2 - 0{,}538 \cdot t + 24,\ t \in \mathbb{R},$

modelliert werden.
Dabei ist t die Zeit in Jahren seit 1950 und a (t) das zugehörige Durchschnittsalter in Jahren. Mit der Funktion a können Prognosen bis zum Jahr 2030 erstellt werden.

Der Graph von a ist in Abbildung 1 dargestellt.

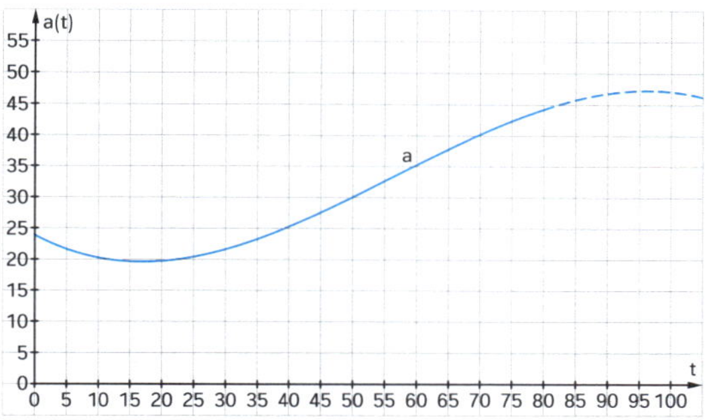

Abb. 1

a) Bestimmen Sie das Durchschnittsalter der Bevölkerung für das Jahr 1950 (t = 0) und den Prognosewert für das Jahr 2030 (t = 80). C1

b) Ermitteln Sie rechnerisch das niedrigste Durchschnittsalter der Bevölkerung im Zeitraum von 1950 bis 2030. G2 G3 G4

c) Die Entwicklung des Durchschnittsalters der Bevölkerung im Zeitraum von 2030 bis 2050 soll durch die Tangente an den Graphen von a an der Stelle t = 80 modelliert werden. Ermitteln Sie in Abbildung 1 zeichnerisch näherungsweise das Durchschnittsalter der Bevölkerung für das Jahr 2050. F8

d) In einem anderen Land B stimmte für das Jahr 1950 (t = 0) das Durchschnittsalter der Bevölkerung nahezu mit dem Durchschnittsalter in dem Land A überein. Die Rate, mit der sich das Durchschnittsalter der Bevölkerung in dem Land B ändert, ist in der Abbildung 2 dargestellt.

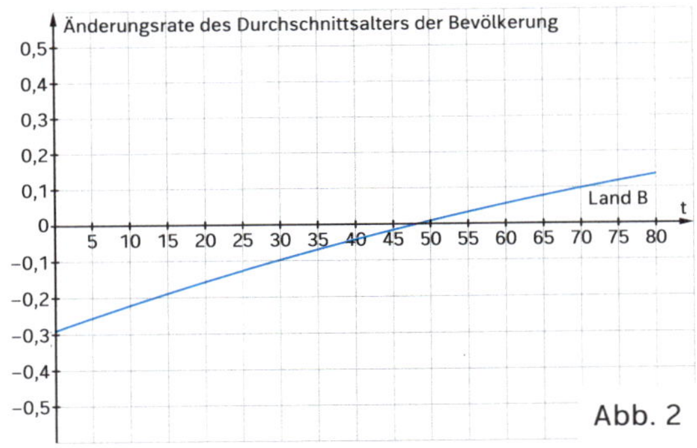

Abb. 2

(1) Beurteilen Sie die folgende Aussage:
Das Durchschnittsalter der Bevölkerung in dem Land B wächst von 1950 bis 2030 durchgängig. G1

(2) Zeichnen Sie den Graphen der Ableitungsfunktion a′ in die Abbildung 2 ein und geben Sie die Bedeutung von a′ (t) im Sachzusammenhang an. F2

(3) Beurteilen Sie die folgende Aussage:
Im Jahr 2020 wächst das Durchschnittsalter der Bevölkerung in dem Land A schneller als in dem Land B. F2

Lösung

a) a(0) = 24: Im Jahr 1950 betrug das Durchschnittsalter der Bevölkerung im Land A 24 Jahre.

a(80) = 43,68: Für das Jahr 2030 wird für Land A ein Durchschnittsalter der Bevölkerung von 43,68 Jahren prognostiziert.

b) $a'(t) = -0{,}00033 \cdot t^2 + 0{,}0372 \cdot t - 0{,}538$;

Notwendige Bedingung: a′(t) = 0
Numerische Lösung der quadratischen Gleichung mithilfe des GTR:

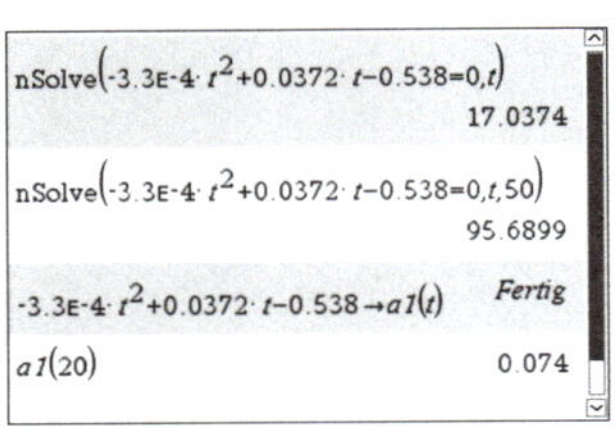

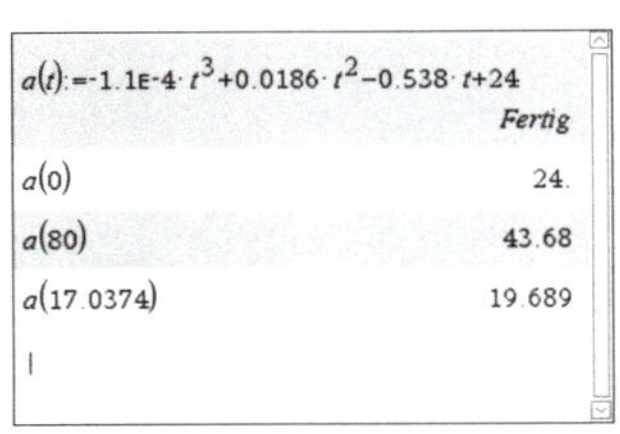

Die zweite Nullstelle $t_2 \approx 95{,}7$ liegt außerhalb des Intervalls [0 ; 80], also außerhalb des betrachteten Zeitraums von 1950 bis 2030.

Hinreichende Bedingung: Untersuchung des Vorzeichenwechsels von a′(t):
a′(0) = – 0,538 < 0 und a′(20) = 0,074 > 0.
An der Stelle $t_1 \approx 17{,}04$ liegt also ein Vorzeichenwechsel von a′(t) von – nach + vor und daher ein lokales Minimum von a(t).

Für den Funktionswert im lokalen Minimum gilt: a(17,0374) ≈ 19,689.

Da an den Rändern des betrachteten Intervalls größere Funktionswerte vorliegen, ist die Stelle $t_1 \approx 17{,}04$ ein absolutes Minimum.

Das niedrigste Durchschnittsalter der Bevölkerung im Zeitraum zwischen 1950 und 2030 beträgt demnach ca. 19,7 Jahre.

c) Einzeichnen der Tangente durch den Punkt (80 | 43,68) ergibt für das Jahr 2050 (also t = 100) als Prognosewert ein Durchschnittsalter von ungefähr 50 Jahren.

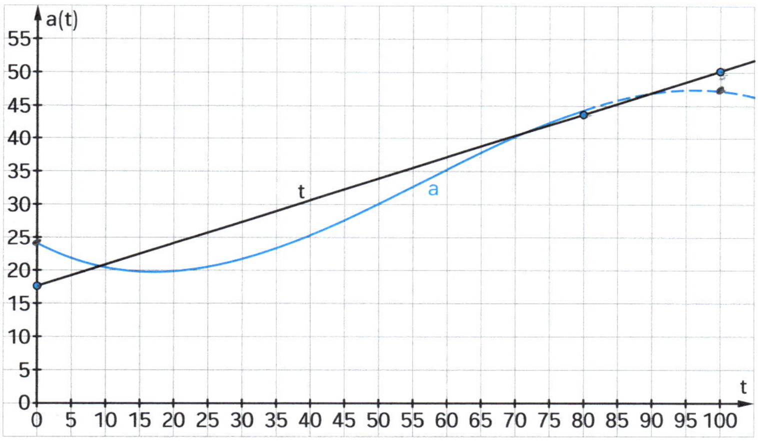

Hinweis: Nach Aufgabenstellung wird nur eine Zeichnung der Tangente nach Augenmaß erwartet. Wenn eine exakte Zeichnung der Tangente verlangt würde, müsste zunächst die Tangentengleichung aufgestellt werden:
t(x) = a′(80) · (x – 80) + a(80) = 0,326 · (x – 80) + 43,68.

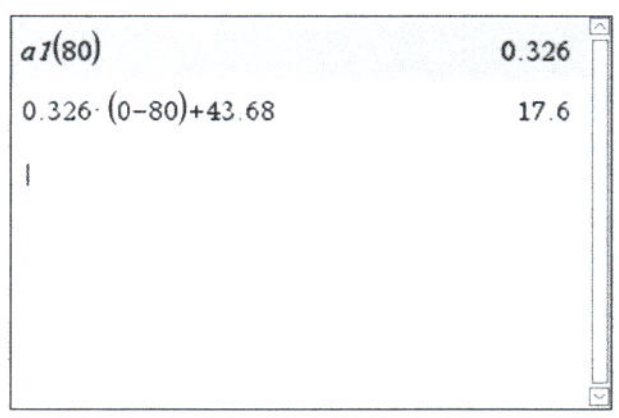

Um einen zweiten Punkt für das Zeichnen der Tangente zu bestimmen, kann man beispielsweise t(0) berechnen:
t(0) = 17,6, und dann die beiden Punkte (0 | 17,6) und (80 | 43,698) miteinander verbinden.

…(1) Die Aussage ist falsch. Die Änderungsrate ist anfangs negativ, d. h., in den ersten Jahren sinkt das Durchschnittsalter.

(2) Der Graph von $a'(t) = -0{,}00033 \cdot t^2 + 0{,}0372 \cdot t - 0{,}538$ ist eine nach unten geöffnete Parabel mit einer Nullstelle bei $t_1 \approx 17{,}04$ (vgl. Teilaufgabe b). Die Zeichnung des Graphen kann mithilfe einer Wertetabelle erfolgen, die der GTR liefert.

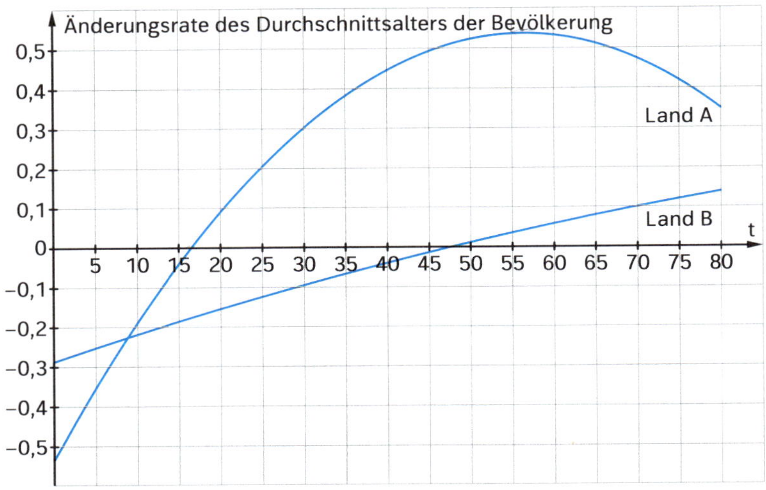

Durch $a'(t)$ wird die Änderungsrate des Durchschnittsalters der Bevölkerung von Land A zum Zeitpunkt t modelliert.

(3) Die Aussage ist wahr, da im Jahr 2020 die Änderungsrate des Durchschnittsalters der Bevölkerung in Land A größer ist als die Änderungsrate des Durchschnittsalters der Bevölkerung in Land B.

Aufgabe 5 *Originalaufgabe der Zentralen Klausur 2016*

Gegeben ist die Funktion f mit der Gleichung

$$f(x) = \frac{1}{48} \cdot x^3 - \frac{3}{8} \cdot x^2 + \frac{27}{16} \cdot x + 1.$$

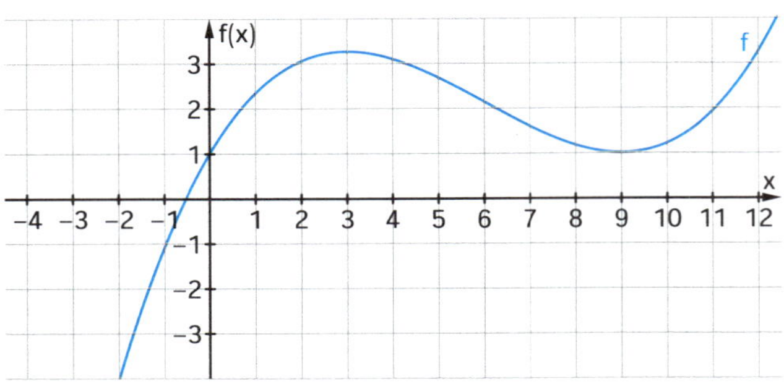

a) (1) Ermitteln Sie rechnerisch eine Gleichung der Geraden s durch die Punkte $H(3\,|\,\frac{13}{4})$ und $T(9\,|\,1)$. A1 A3

[Zwischenergebnis: Die Gerade s hat die Steigung $-\frac{3}{8}$]

(2) Es gibt zwei Stellen, an denen der Graph von f Tangenten hat, die parallel zur Geraden s verlaufen.
Ermitteln Sie diese Stellen auf zwei Nachkommastellen genau. A8 A10

b) Gegeben ist zusätzlich die Funktion g mit der Gleichung

$g(x) = \frac{1}{48} \cdot x^3 - \frac{3}{16} \cdot x^2 + \frac{13}{4}$.

(1) Zeichnen Sie den Graphen von g in die Abbildung ein.

Der Graph der Funktion g geht durch eine Transformation aus dem Graphen der Funktion f hervor.

(2) Geben Sie diese Transformation an. **E3**

(3) Geben Sie eine Funktionsgleichung von g an, aus der die Transformation deutlich wird, durch die der Graph von g aus dem Graphen von f hervorgeht.

c) Die folgenden Abbildungen 1 bis 5 veranschaulichen, wie man den Wert der Ableitung f′ (2) näherungsweise ermitteln kann.

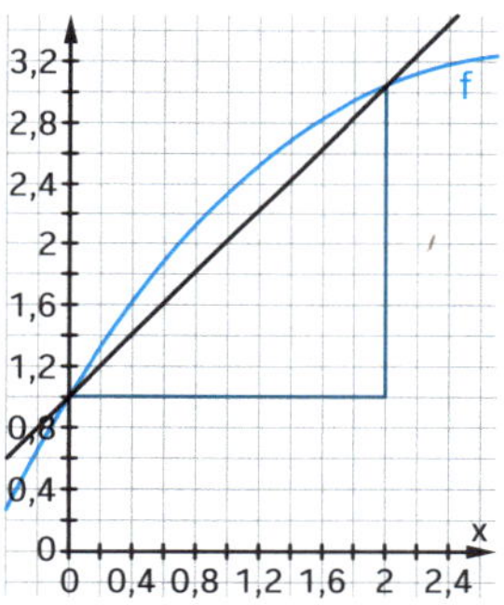

Abbildung 1

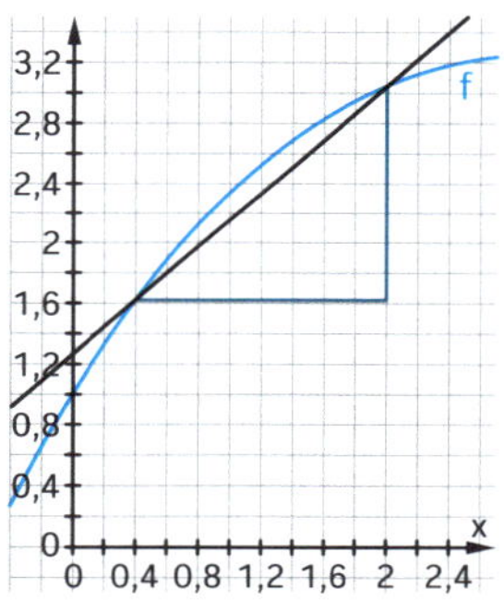

Abbildung 2

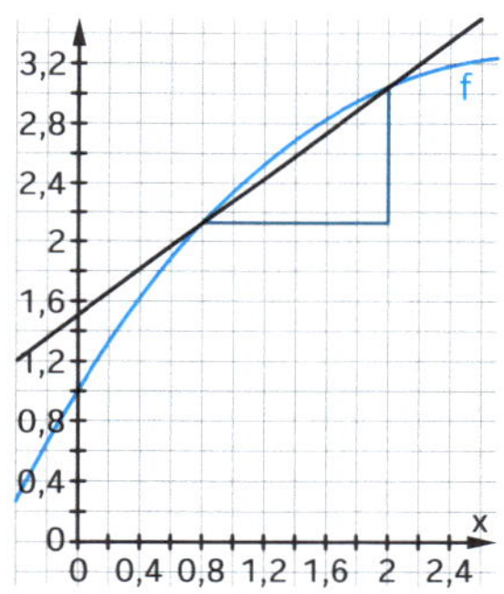

Abbildung 3

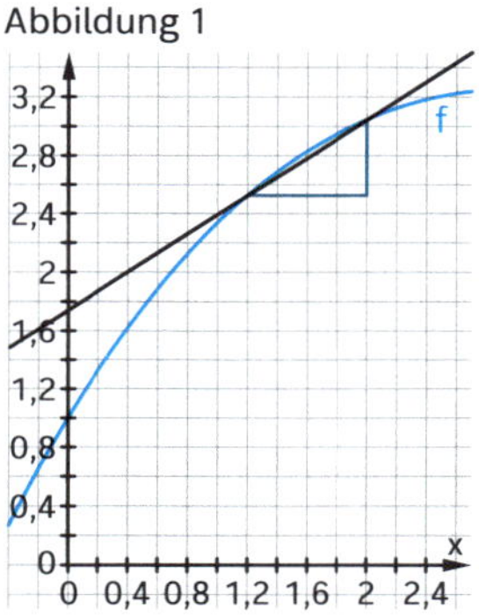

Abbildung 4

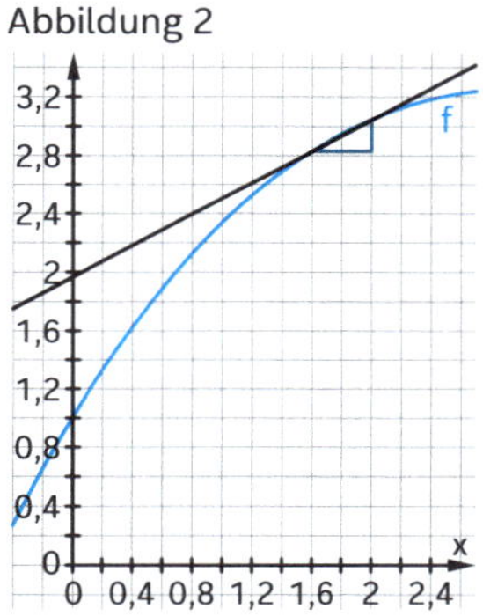

Abbildung 5

(1) Geben Sie an, welche Abbildung zum Differenzenquotienten $\frac{f(2) - f(0,8)}{2 - 0,8}$ gehört. **F1**

(2) Geben Sie an, welche geometrische Bedeutung der Wert f′ (2) hat.
Erklären Sie, warum in den Abbildungen 1 bis 5 veranschaulicht wird, wie dieser Wert immer genauer ermittelt werden kann.

Lösung

a) (1) Die Steigung der Geraden erhält man aus dem Differenzenquotient:

$m = \frac{y_T - y_H}{x_T - x_H} = \frac{1 - \frac{13}{4}}{9 - 3} = \frac{-\frac{9}{4}}{6} = -\frac{3}{8} = -0{,}375.$

Die Gleichung einer Geraden mit Steigung $m = -\frac{3}{8}$ durch den Punkt H ist gegeben durch:

$y = -\frac{3}{8} \cdot (x - 3) + \frac{13}{4} = -\frac{3}{8} \cdot x + \frac{9}{8} + \frac{13}{4} = -\frac{3}{8} \cdot x + \frac{35}{8}$

Kontrollrechung:

Die Gleichung einer Geraden mit Steigung $m = -\frac{3}{8}$ durch den Punkt T ist gegeben durch:

$y = -\frac{3}{8} \cdot (x - 9) + 1 = -\frac{3}{8} \cdot x + \frac{27}{8} + 1 = -\frac{3}{8} \cdot x + \frac{35}{8}$

(2) Es gilt: $f'(x) = \frac{1}{16} \cdot x^2 - \frac{3}{4} \cdot x + \frac{27}{16}$

Die Tangente an einer Stelle des Graphen von f verläuft parallel zur Geraden, wenn die Ableitung den Wert $m = -\frac{3}{8}$ annimmt. Zu lösen ist also die Gleichung:

$\frac{1}{16} \cdot x^2 - \frac{3}{4} \cdot x + \frac{27}{16} = -\frac{3}{8}.$

Rechnerische Lösung der quadratischen Gleichung (nach Multiplikation beider Seiten der Gleichung mit 16):

$x^2 - 12x + 27 = -6 \Leftrightarrow x^2 - 12x + 6^2 = -6 - 27 + 6^2 \Leftrightarrow (x - 6)^2 = 3$

$\Leftrightarrow x = 6 - \sqrt{3} \approx 4{,}27 \vee x = 6 + \sqrt{3} \approx 7{,}73$

Lösung mithilfe des GTR:

(1) grafische Methode (Zeichnung des Graphen der numerischen Ableitung und Schnitt mit der Geraden; das Zeichnen des Graphen von f'(x) kann auch durch Eingabe des Funktionsterms für f'(x) erfolgen)

(2) numerische Lösung der quadratischen Gleichung (damit der GTR auch die zweite Lösung findet, muss ein Startwert für den Suchalgorithmus angegeben werden)

(3) exakte Lösung mithilfe der polyroots-Option (mit numerischer Ausgabe)

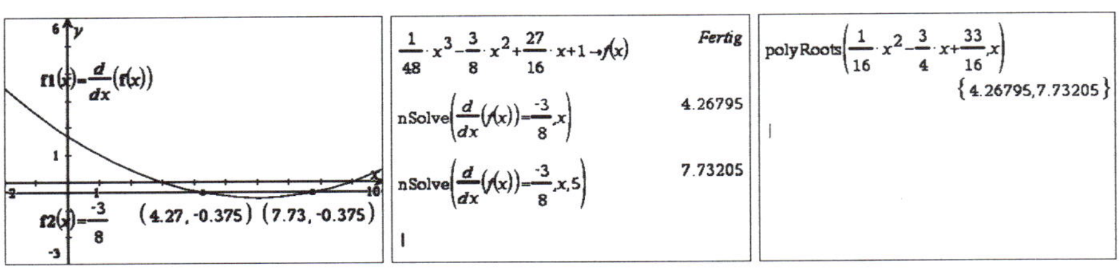

b) (1) Graph eingezeichnet:

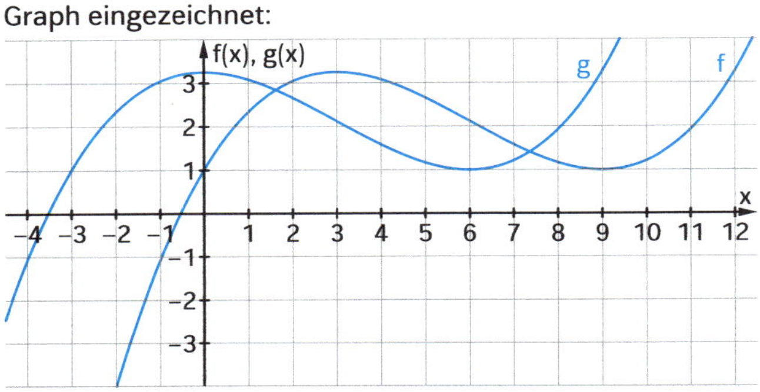

(2) Wie man beispielsweise an der Lage der Hoch- und Tiefpunkte ablesen kann, geht der Graph von g aus dem Graphen von f durch eine Verschiebung um 3 Einheiten nach links hervor.

(3) Im Funktionsterm von f(x) muss deshalb die Variable x durch (x + 3) ersetzt werden:

$g(x) = f(x+3) = \frac{1}{48} \cdot (x+3)^3 - \frac{3}{8} \cdot (x+3)^2 + \frac{27}{16} \cdot (x+3) + 1$

c) (1) Zum Differenzenquotienten $\frac{f(2) - f(0{,}8)}{2 - 0{,}8}$ gehört die 3. Abbildung.

(2) f′(2) ist die Steigung der Tangente an den Graphen der Funktion f im Punkt P(2 | f(2)). In den Abbildungen 1 bis 5 ist jeweils die Steigung einer Sekante durch den Punkt P(2 | f(2)) und einen Nachbarpunkt N dargestellt.

Abb. 1: N(0 | 1); Abb. 2: N(0,4 | ≈ 1,6); Abb. 3: N(0,8 | ≈ 2,1);
Abb. 4: N(1,2 | ≈ 2,5); Abb. 5: N(1,6 | ≈ 2,8).

Der Punkt N läuft also auf den Punkt P zu. Die Sekante durch N und P entspricht daher immer mehr einer Tangente an den Graphen der Funktion f im Punkt P. Die Steigung der Sekante nähert sich immer mehr der Steigung f′(2) der Tangente im Punkt P.

Aufgabe 6 *Originalaufgabe der Zentralen Klausur 2016*

Während seines Urlaubs im norwegischen Vardø beobachtet Heinz an einem Tag Anfang August die Sonne. Dabei misst er zu jeder vollen Stunde den Sonnenhöhenwinkel α (siehe Abbildung 1), um so zu bestimmen, wie hoch die Sonne über dem Horizont steht. Heinz trägt seine Winkelmessungen in ein Koordinatensystem ein (siehe Abbildung 2).

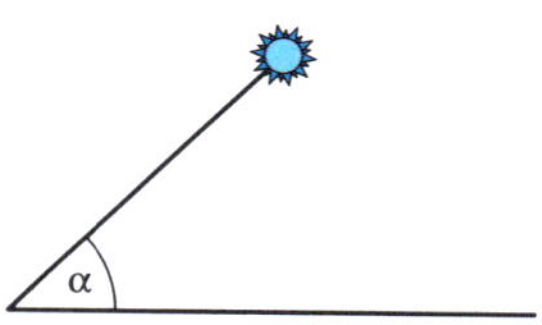

Abb. 1

Dabei entspricht t = 0 der Uhrzeit 12:00 Uhr mittags, t = 1 entspricht 13:00 Uhr usw. Der Uhrzeit 11:00 Uhr entspricht t = –1 usw.

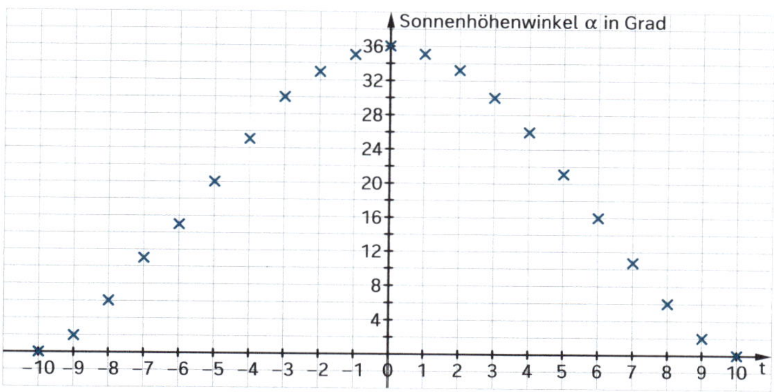

Abb. 2

a) (1) Geben Sie den Sonnenhöhenwinkel an, den Heinz um 7:00 Uhr morgens misst.

(2) Geben Sie an, in welchem Zeitraum Heinz Sonnenhöhenwinkel misst, die mindestens 30 Grad betragen.

Heinz modelliert anhand seiner Daten den Sonnenhöhenwinkel im Laufe des Tages mit einer ganzrationalen Funktion 4. Grades. Er verwendet dazu für $-10 \leq t \leq 10$ die Funktion f mit der Gleichung $f(t) = 0{,}0031 \cdot t^4 - 0{,}671 \cdot t^2 + 36{,}1$.
f(t) beschreibt den Sonnenhöhenwinkel in Grad zu der durch t gegebenen Uhrzeit.

b) Die Werte, die sich bei der Modellierung mit der Funktion f ergeben, weichen etwas von den Werten aus der Abbildung 2 ab.
Berechnen Sie die Abweichung zwischen dem um 7:00 Uhr morgens gemessenen Wert und dem entsprechenden Funktionswert.

c) Bei der Messung von Heinz erreicht die Sonne ihren höchsten Stand um 12:00 Uhr mittags (siehe Abbildung 2).
Weisen Sie rechnerisch nach, dass auch bei der Modellierung mit der Funktion f die Sonne zu diesem Zeitpunkt ihren höchsten Stand erreicht. F7 G1 G2 G3 G4

d) (1) Weisen Sie nach, dass gilt: $f'(-9) > f'(-2)$. F1 F2
(2) Interpretieren Sie diese Ungleichung im Sachzusammenhang.

An einem Tag Ende August beobachtet Heinz noch einmal die Sonne in Vardø. Um 04:00 Uhr morgens während des Sonnenaufgangs misst er den Sonnenhöhenwinkel 0 Grad, um 12:00 Uhr mittags ist der Sonnenhöhenwinkel mit 29 Grad maximal. Heinz möchte für diesen Tag den Sonnenhöhenwinkel mit einer ganzrationalen Funktion g modellieren.

e) (1) Skizzieren Sie in der Abbildung 2 den Verlauf eines möglichen Graphen von g.
(2) Für die Funktionsgleichung von g wählt Heinz den Ansatz: $g(t) = a \cdot f(b \cdot t)$.
Ermitteln Sie für a und b jeweils einen zu seiner Messung passenden Wert. E1

Lösung

a) (1) In der Abbildung liest man an der Stelle $t = -5$ (7:00 Uhr) einen Winkel von 20° ab.
(2) In der Abbildung liest man für $t = -3$ (9:00 Uhr) und für $t = +3$ (15:00 Uhr) jeweils einen Winkel von 30° ab; zwischen diesen Zeitpunkten ist der Winkel jeweils größer als 30°.

b) $f(-5) - 20 = 1{,}2625$.
Die Abweichung zwischen dem um 7:00 Uhr morgens gemessenen Wert und dem entsprechenden Funktionswert beträgt ungefähr 1,3 Grad.

c) Ableitung: $f'(t) = 0{,}0124 \cdot t^3 - 1{,}342 \cdot t$
notwendige Bedingung: $f'(t) = 0 \Leftrightarrow t \cdot (0{,}0124 \cdot t^2 - 1{,}342) = 0$

$$\Leftrightarrow t = 0 \vee t = -\sqrt{\frac{1{,}342}{0{,}0124}} \approx -10{,}4 \vee t = \sqrt{\frac{1{,}342}{0{,}0124}} \approx +10{,}4.$$

Die Nullstellen bei $t \approx -10{,}4$ und $t \approx +10{,}4$ liegen nicht im Beobachtungszeitraum.

Untersuchung von $f'(t)$ auf Vorzeichenwechsel:

Intervall	Beispiel	$f'(t)$	Monotonie
$-10{,}4 < t < 0$	$t = -1$	> 0	streng monoton steigend
$0 < t < 10{,}4$	$t = +1$	< 0	streng monoton fallend

Monotonie/Extremstellen:
Aus dem Vorzeichenwechsel von $f'(x)$ von + nach − an der Stelle $t = 0$ ergibt sich ein lokales Maximum bei $t = 0$. Es gilt: $f(0) = 36{,}1$.

Vergleich mit den Randwerten:
Für die Randwerte des betrachteten Zeitintervalls $[-10; +10]$ ergibt sich $f(-10) = 0$ und $f(10) = 0$. Daher ist das lokale Maximum an der Stelle $t = 0$ auch ein absolutes Maximum im betrachteten Zeitintervall.
Auch die Modellierungsfunktion f zeigt für 12:00 Uhr den höchsten Sonnenstand an.

d) (1) $f'(-9) = 3{,}0384$ und $f'(-2) = 2{,}5848$.

(2) Aus dem Vergleich der lokalen Änderungsraten ergibt sich, dass der Sonnenhöhenwinkel um 3:00 Uhr ($t = -9$) schneller wächst als um 10:00 Uhr.

e) (1) Möglicher Graph von g:

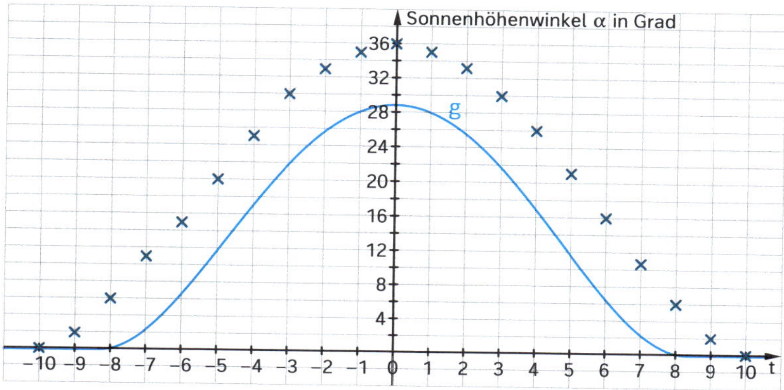

(2) Gesucht ist zunächst der Streckungsfaktor a in Richtung der y-Achse. Diesen erhält man, indem man die Funktionswerte an der Stelle $t = 0$ miteinander vergleicht:

$f(0) = 36{,}1$ und $g(0) = 29$, also $a = \frac{g(0)}{f(0)} \approx 0{,}80$.

Außerdem ist der Streckungsfaktor b in Richtung der x-Achse gesucht. Diesen erhält man, indem man die Lage der Nullstellen miteinander vergleicht:

$f(t) = 0 \Leftrightarrow t = -10 \vee t = +10$ und $g(t) = 0 \Leftrightarrow t = -8 \vee t = +8$, also $b = \frac{10}{8} = 1{,}25$.

Es gilt daher: $g(t) = 0{,}8 \cdot f(1{,}25 \cdot t)$

Stichwortverzeichnis zum Basiswissen

Ableitung 39
Ableitungsfunktion, Graph skizzieren 47
Ableitungsregeln 41
Abnahmerate 19
Achsenabschnittsform einer Geraden 9
Achsensymmetrie 22, 36
allgemeine Sinusfunktion 20, 37
Änderungsrate 39, 40
Anfangswert 19
Arkustangens 11
Baumdiagramm 49
– umkehren 51
bedingte Wahrscheinlichkeit 52, 54
Berühren von Graphen 29
biquadratische Gleichungen 27
Bogenmaß, Umrechnung in Gradmaß 20
Differenzenquotient 39
Differenzfunktion 29
Differenzialquotient 39
Differenzierbarkeit 39
Differenzregel 41
Erwartungswert 50
Exponentialfunktion 19
exponentielles Wachstum 19, 31
Extremstelle, Kriterium 44, 45
faires Spiel 50
Faktorregel 41
Funktionsterm
– verschieben 34
– vervielfachen 33
Funktionsterm bestimmen 28
Funktionswerte berechnen 21
ganzrationale Funktion 19
– Ableitung 41, 47
– Achsensymmetrie 36
– Funktionsterm bestimmen 28
– Monotonie 43
– Nullstelle 27
– Punktsymmetrie 36
– Schnittpunkte 29
Geraden
– Achsenabschnittsform 9
– gegenseitige Lage 13
– Normalform 8
– orthogonale 12
– Punkt-Steigungs-Form 9
– Steigung 8
– Steigungswinkel 11
– Ursprungs- 8
– Verschiebungsform 9, 10
Gradmaß, Umrechnung in Bogenmaß 20
Halbwertszeit 31
hinreichendes Kriterium 45
Histogramm 50
Hochpunkt 24, 44
Hyperbel 18
Komplementärregel 49
Kosinusfunktion 20
– Ableitung 40
Kriterium
– hinreichendes 45
– notwendiges 44
kubische Gleichungen 26
lineare Funktion, Nullstelle 12
lineare Gleichung, Lösung 12
lineares Gleichungssystem 14
Linearfaktoren 26
lokales Maximum/Minimum 25, 45, 46
Lösung einer Gleichung 12, 15, 26, 27
Maximum/Minimum
– absolutes 25
– lokales 25
mehrstufige Zufallsversuche 49
Merkmal, (Un-)Abhängigkeit 54
mittlere Änderungsrate 39, 40
momentane Änderungsrate 39, 40
Monotonie 23, 43, 45
Normale eines Graphen 42
Normalform Geradengleichung 8
Normalparabel 17
notwendiges Kriterium 44
Nullstelle 12, 16, 27
Orthogonalität 12, 42
Parabel n-ten Grades 18
Periodenlänge 37
Pfadadditionsregel 49
Pfadmultiplikationsregel 49
Polynom 19
Potenzfunktion 18
– Ableitung 40
Potenzregel 40
Produktform 26
Punktprobe 21
Punkt-Steigungs-Form 9
Punktsymmetrie 23, 36
quadratische Funktion
– Nullstelle 16
– Scheitelpunkt 17
quadratischen Gleichung 15
Sattelstelle 23, 44
Satz von Vieta 15
Scheitelpunkt einer Parabel 17
Schnittpunkte von Graphen 29
Sekantensteigung 39
Sinusfunktion 20, 37
– Ableitung 40
Stauchung 33
Steigung 8
Steigungsdreieck 8, 11
Steigungswinkel 11
stochastische (Un-)Abhängigkeit 54
Streckung 33, 37
streng monoton 23
Summenregel 41
Symmetrie
– Achsen- 22
– Punkt- 23
Tangente eines Graphen 41
Tiefpunkt 24, 44
Ursprungsgerade 8
Verdopplungszeit 31
Verschiebungsform einer Geraden 9, 10
Vervielfachung eines Funktionsterms 33
Vierfeldertafel 51
Vorzeichenwechsel (VZW) 43, 45
Wachstum, exponentielles 19
Wachstumsfaktor 19
Wachstumsrate 19
Wahrscheinlichkeit, bedingte 52, 54
Wahrscheinlichkeitsverteilung 50
Zufallsgröße 50
Zufallsversuche 49, 51
Zusammenhang Funktion-Ableitung 47, 48
zweistufiger Zufallsversuch 51